武汉大学
学术丛书

U0791381

朱福喜 教授，男，1957年7月生。在浙江大学数学系获学士学位、武汉大学计算机科学系获硕士学位和博士学位。一直从事人工智能和分布式计算方面的教学和科研工作。曾作为主持人或主要完成者参与多个国家自然科学基金项目以及湖北省自然科学基金项目的研究和开发，如《专家系统开发环境与推理工具系统》、《国家科委办公知识信息系统》（国家863项目）、《支撑Ada语言的并行分布计算环境》（国防军工预演项目）等。1993年赴美国加州Alpha Omega公司从事项目合作，2000年赴美国西东大学(Seton Hall University)从事并行分布计算方面的访问和研究，已在国内外发表论文二十余篇(部分被EI检索)，编写专著和教材6部。

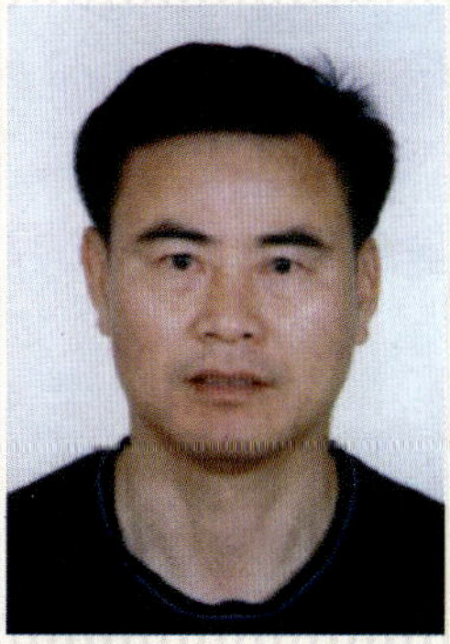

何炎祥 教授，博士生导师，男，1952年1月生。美国Oregon大学计算机及信息科学系硕士，武汉大学计算机科学系博士。主要研究方向为：分布并行处理、数据开采、多Agent系统、电子商务等。现任武汉大学计算机学院院长、软件工程国家重点实验室主任。兼任国家教育部教学指导委员会计算机软件指导组成员、中国计算机学会常务理事、全国高等学校计算机教育研究会常务理事、中国计算机学会办公自动化专委会和数据库专委会成员等职。主持和主要承担科研课题20余项，发表论文100多篇，其中，近20篇论文被EI、英国科技文摘、俄罗斯科技情报文摘等索引和摘录。在高等教育出版社、科学出版社、武汉大学出版社等出版著作和教材15 部，其中主编的《编译原理》、《操作系统原理》、《分布式操作系统设计》已被国内不少高校选作教材。

武汉大学学术丛书

并行分布计算中的调度算法理论与设计

朱福喜　何炎祥　编著

武汉大学出版社

图书在版编目(CIP)数据

并行分布计算中的调度算法理论与设计/朱福喜，何炎祥编著.—武汉：武汉大学出版社，2003.5

武汉大学学术丛书

ISBN 7-307-03921-4

Ⅰ.并…　Ⅱ.①朱…　②何…　Ⅲ.①并行算法—算法理论　②分布式计算机系统—算法理论　③并行算法—算法设计　④分布式计算机系统—算法设计　Ⅳ.①TP301.6　②TP338.8

中国版本图书馆CIP数据核字(2003)第019335号

责任编辑：陈　刚　　责任校对：鄢春梅　　版式设计：支　笛

出版发行：**武汉大学出版社**　(430072　武昌　珞珈山)

(电子邮件：wdp4@whu.edu.cn　网址：www.wdp.whu.edu.cn)

印刷：武汉市科普教育印刷厂

开本：850×1168　1/32　印张：6.75　字数：170千字　插页：3

版次：2003年5月第1版　　2003年5月第1次印刷

ISBN 7-307-03921-4/TP·139　　定价：14.00元

内容提要

并行分布计算是当前计算机科学的热点之一。调度算法是影响分布计算的关键因素,也是一个具有挑战性的课题。本书对这个领域里的相关问题进行了全面系统的分析,着重研究了一般DAG任务图的启发式调度算法、静态与动态相结合的混合调度算法以及面向AND/OR优先约束关系的调度问题,并探讨和提出了一些很新颖的算法,例如:充分考虑计算量、通信量和处理机计算能力的预分配算法;将分布式人工智能中的Agent技术应用于动态负载平衡的静态与动态混合调度的方法;在单机和多处理机上,对一般AND/OR优先约束关系的任务系统进行调度的启发式方法。本书力图反映调度算法方面的新观点、新思路、新成果,可供从事计算机科学学习和研究的大学生、研究生和科技工作者学习和参考。

前　言

计算机网络和 Internet 的迅速发展使得分布并行计算越来越流行。同时,由于微处理器性能迅速增强,新的快速网络不断出现,可移植的高可靠性通信软件的产生,使得基于网络的计算比起传统的多处理器计算更显得具有较好性能和实用价值,并成为并行分布计算的主流。所以,在过去的几年里,基于网络的计算对于解决无论是大型还是小型的科学计算问题都是非常流行的方法。目前已有许多利用计算机网络和 Internet 计算机资源进行分布计算的非常成功的项目,例如:

GIMP 项目利用 Internet 发现 MERSENNE 素数;

RSA FACTORING-BY-WEB 项目致力于破译 RSA 密码;

ZURICH 大学计算机科学系的 V. Sranmpen 利用 Internet 解决分子系列分析问题;

Bovine 项目成功破译 RC5 和 DES 密码,这项研究持续 250 天,互连的计算机的计算能力相当于 14 685 个 Intel Pentium Pro 200 或者 58 163 个 Intel Pentium Ⅱ的能力;

SETI @HOME 项目致力于将数以万计的 Internet 空闲 PC 资源用于寻找外星空间智能(Seeking Extra Terrestrial Intelligence, SETI)。

这些例子表明,成千上万的散置的计算机可以通过 Internet 集聚在一起,形成一个基于 Internet 的超级计算机系统。它只是利用空闲的 CPU 时间,而不需要特别的成本就可以解决需要长时间计算的大型科学计算问题。

使用工作站和个人计算机进行分布并行处理、以低成本完成大型科学计算虽然是一个非常具有发展前景的途径，但同时也提出了大量富于挑战性的课题，调度就是其中的一个很重要的问题。它的根本问题是，当一个并行程序实现一组任务后，就需要将它们合理或优化地分配到分布系统中的处理单元。如果这个问题得不到解决，则有可能导致分布计算效率低下，更有甚者，有可能造成其效率不如单机计算，乃至计算失败。因此，调度问题是分布计算的瓶颈问题之一。

调度问题对绝大多数应用来说是NP-完全的，只有少数高度简化的领域才不是NP-完全的。由于调度问题研究的艰巨性，摆在人们面前还有许多问题没有解决。因而，本书在这个领域里进行了一些有益的尝试。本书分析调度中的主要问题，详细讨论了当前大量已有的调度算法，提出若干新的调度算法改善调度系统的性能，并对某些特定问题领域的调度问题，提出了一套完整的算法，较好地解决该领域的调度问题。

本书首先涉及的是静态调度问题。有很大一类科学计算问题都可以用静态调度来完成，因此，对静态调度算法进一步发掘也是非常有意义的。近年来，分布式人工智能迅速发展，将分布式人工智能的一些较为成熟的技术应用于分布计算不失为一个很新颖的想法。Agent技术作为分布式人工智能的一个较有代表性的技术，具有非常好的应用前景。就Agent技术所具有的特性来说，用它来解决动态调度中的一些问题是很有潜力的。因此，本书在这方面也作了一些有益的探讨，并将我们提出的预分配调度算法与基于Agent的动态分配算法相结合，形成一个实用的混合调度算法。

本书最后研究了具有AND/OR优先约束关系的任务调度问题。AND/OR调度问题是一个非常普遍的问题，它具有广泛的应用背景。例如，作业规划、程序的数据流分析、AI启发式搜索、资源管理、实时系统设计等。本书给出该问题的基本定义，证明了

AND/OR调度模型涵盖了一些其他调度模型，同时也研究了AND/OR调度问题时间复杂性问题，提出了一个改进的AND/OR图的传递闭包算法和多个对AND/OR任务系统进行调度的启发式算法。这些启发式算法对具有IN－TREE优先约束关系的可跳过的AND/OR任务系统能够提供性能保障。最后用模拟方法对算法进行测试，比较这一类算法的质量和执行时间，并作出评价。

本书是在博士论文"启发式混合调度和面向AND/OR约束的调度算法研究"的基础上修改、充实而成的，同时增加了一些较新的研究成果。

本书的形成和出版首先要感谢中船709所的王振宇教授、软件工程国家重点实验室康立山教授、武汉大学计算机学院张焕国教授的大力推荐，同时也感谢他们对我的指导。

感谢武汉大学计算机学院的陈世鸿教授、吴产乐教授对本书的编写提出的建设性的意见、许多有价值的建议，使我从中学到了大量宝贵的知识。

感谢武汉大学计算机学院的陈莘萌教授、李元香教授、毋国庆教授以及华中理工大学的卢炎生教授对作者编写本书给予的指导与鼓励。

感谢美国Seton Hall大学的Kennth Hoffman教授和Wachemut Bert教授，我在美国一年的学术访问期间，二位教授为我的研究提供了宝贵资料和试验环境，并在百忙之中抽空与我进行讨论，对我的工作予以肯定，使我增强了研究的信心，受益匪浅！

感谢武汉大学计算机学院傅建明博士、微软中国研究院研究员张黔博士、贝尔中国研究院金涛博士，他们为我的研究提供了宝贵资料，与他们的交谈使得我有很大的收获。

此外，武汉大学计算机学院的许多老师和研究生、武汉大学科技部、武汉大学出版社、武汉大学出版社电子出版部给予了很多鼓励和大力支持。书中还引用了许多国内外同行的研究成果，谨此一并致谢。

书中不妥甚至谬误之处，恳请同行们赐教。

朱福喜

2002 年 10 月于武昌珞珈山

目　　录

第一章　概　　论

1.1　调度问题研究的背景和意义

小型化、并行化、网络化、智能化是当今计算机发展的主要趋势，并行分布处理乃是这些发展的主要的挑战性问题之一[2][56][57]，也是当前计算机科学的一个热点。

1.1.1　分布计算的新途径

由于微处理器的性能迅速增强，新的快速网络不断出现，可移植的高可靠性通信软件的产生使得基于网络的计算成为并行分布计算的主流。基于网络的计算比起传统的多处理器计算更显得具有较好的性能和实用价值[37]。所以，在过去的几年里，基于网络的计算对于解决无论是大型还是小型的科学计算问题都是非常流行的方法。

对于基于网络的计算潜力，加州大学在一个题为“工作站网络(NOW)食物链”的项目中进行了总结，并用图 1.1 加以形象的描绘[38]。

图中的小鱼是指个人计算机(PCs)和工作站，它们是只能完成适度的计算任务、并能够迅速地提供其交互性能的系统；服务器和小型计算机则是完成更高计算要求、有多个用户、价格相对贵的系统；超级计算机则是为了取得顶级性能而不惜一切代价的庞大系统。由于在计算机系统中不断引进新技术和批量生产对成本的

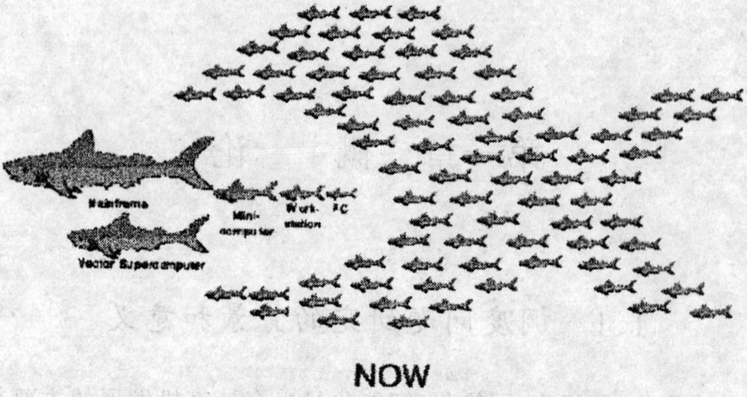

图 1.1 计算机系统的“食物链”

影响，个人计算机和工作站价格越来越便宜，而性能却越来越强。它们形成网络后，其功能更加强大。这样使得工作站网络(NOW)从概念上形成了整个计算机系统的食物链。在自然界的食物链中是大鱼吃小鱼，而在计算机系统的食物链中却是小鱼吃大鱼。个人计算机(小鱼)吃掉了工作站的市场，工作站又吃掉了小型机的市场，这样延伸下去就形成了图 1.1 中描述的计算机系统的食物链。

鉴于计算机系统的这种发展趋势，人们越来越多地考虑如何让“小鱼”在吃“大鱼”的同时能够更快更有效地“消化和吸收”。从这种观点出发，基于 Web 的并行分布计算的概念越来越流行，它是利用在地理上分布的多台计算机通过 Internet 相连来解决大型并行计算问题的。实际上，基于 Web 的计算就是基于工作站网络(NOW-Based)计算的一种形式，只不过基于 Web 的计算利用了大量与 Internet 相连的空闲计算机资源。目前这个领域越来越受到工业界和研究机构的重视。

人们注意到基于 Web 的计算非常适合于解决需要很长计算

时间的应用问题。例如，密码问题、数学问题、大型科学计算问题等[62][48]。同时人们也发现，由于 Internet 的迅猛发展，大量互连的计算机形成了巨大的并行计算资源。在这些互连的计算机中，很多只使用了一些简单的交互功能，例如，收发电子邮件、编辑文件和浏览主页，大量的时间是闲置的。将这样巨大的资源用于解决复杂的密码问题、数学问题和某些科学计算问题是非常有远见、有意义的工作。目前已有许多利用 Internet 计算机资源进行这种计算的非常有趣的项目，例如：

GIMP 项目利用 Internet 发现 MERSENNE 素数；

RSA FACTORING-BY-WEB 项目致力于破译 RSA 密码；

ZURICH 大学计算机科学系的 V. Sranmpen 利用 Internet 解决分子系列分析问题；

最突出的例子是 Bovine 项目破译 RC5 和 DES 密码。1995 年 10 月 20 日他们进行了一次大型的分布计算尝试，有数以万计的通过 Internet 相连的计算机参加了这次计算。Bovine 项目的参加者通力合作，破译了 RSA 实验室加密的 56 位 RC5 密码。这项研究持续 250 天，互连的计算机的计算能力相当于 14 685 个 Intel Pentium Pro 200 或者 58 163 个 Intel Pentium Ⅱ 的能力。该项目最后由 Belgium 的 Pete Staer 幸运地找到了正确的密码。

还有一个很吸引人的项目称为 SETI @HOME，该项目致力于将 Internet 的空闲 PC 资源用于寻找外星空间智能（Seeking Extra Terrestrial Intelligence, SETI）。加入项目的计算机要执行一种特别的屏幕保护程序：在计算机空闲一段时间后，它将自动启动在 PC 上的一个 Client 程序，并参加分析世界上最大的无线电望远镜捕获的数据。这个项目在 1992 年就有35 000人参加，参加者都列入了 SETI @HOME 的电子邮件表。

这些例子表明，成千上万的散置的计算机可以通过 Internet 集聚在一起，形成一个基于 Internet 的超级计算机系统。它只是利用空闲的 CPU 时间，而不需要特别的成本就可以解决需要长时间计算的大型科学计算问题。

1.1.2 调度问题在分布计算中所处的地位

从前面列举的项目可以看到,使用工作站和个人计算机进行分布并行处理虽然是一个非常有前景的途径,但分布计算也提出了大量困难的课题,例如并行算法的设计、任务的划分、通信的协调和同步、任务的调度。这些问题不解决,则不能从并行分布处理中得到任何好处。

在这些问题中,调度和负载平衡是一个重要问题。它的根本问题是,当一个并行程序实现一组任务后,就需要将它们合理或优化地分配到分布系统中的处理单元。如果这个问题得不到解决,则有可能导致分布计算效率低下,更有甚者,有可能造成其效率不如单机计算,乃至计算失败。因此,调度问题是分布计算的瓶颈问题之一。

1.2 调度问题的定义和分类

多任务的调度问题在计算机科学领域虽说不是一个很新的课题,但它还一直是个远远没有得到很好解决的问题。

1.2.1 调度问题的定义

在分布系统中,一个程序可以看成是一个任务集,这些任务可以并行或串行地执行。任务之间一般是有优先次序约束的。调度问题的目标是要在满足一定的性能指标和优先约束关系的前提下,将可并行执行的任务按适当分配策略确定一种分派和执行顺序,合理分配到各处理机上有序地执行,以达到减少总的执行时间的目的。

性能和效率是评价调度系统的两个基本特征。我们应以任务分派(调度)的质量和调度算法(调度程序本身)的效率为基础来评价调度系统。调度质量以产生的优化调度的性能为基础来衡量;调度算法的效率以时间复杂性为基础来衡量。例如,如果以优化一个程序的完成时间来衡量,显然完成时间越短越好。如果两个调度算法产生相同的调度质量,则调度算法越简单越好。

1.2.2 调度问题的分类

调度问题可以根据一个程序的任务是确定的还是非确定的来进行划分。确定的调度是指被调度的任务和它们之间的相互关系在系统执行之前就可完全确定;非确定的调度是指,只有部分初始任务是已知的,随着系统的执行,任务会动态地增减。所以,一般将调度划分为两种形式的调度:静态调度和动态调度。

1. *静态调度和动态调度*

静态调度通常是在编译时已经确定了并行程序的特点和性质,如:任务的处理时间、通信和同步要求、数据依赖等。也就是说,这些特点在程序执行前都是已知的,因而一个并行程序可以表示成由加权边和加权节点组成的有向无环图(Directed Acyclic Graph,简称 DAG),图中节点的权表示任务的处理时间,边的权表示数据依赖关系和任务间的通信时间。使用静态调度对许多科学计算是非常有效的。例如,用图像处理方法进行物体识别和数值计算等任务都非常适合用静态调度的方法进行处理。

在动态调度中,调度中的许多问题都是未知的。动态调度的目标不仅是减少程序的完成时间,而且还要减少调度本身的开销,这种开销就是运行调度程序本身所付出的代价。通常在分布系统中,动态调度算法采用所谓"偷取空闲周期"的方法来均衡各处理器之间的负载[1]。然而,当调度的目标是减少某些特定应用的执行时间时,这种方法是不适用的。

从上述调度问题的分类可看出,调度策略分为静态或动态的,在某种程度上主要取决于任务分派的时间,静态调度可被看做是预调度,在编译时就可确定哪些任务在哪台处理机上执行。显然这种策略需要所有的任务在执行前都是已知的,执行调度程序的费用也可忽略不计。因为仅仅根据处理机编号和任务标识,处理机就可以知道它应该执行哪些任务。如果任务的所有特征在编译时都可以确定,静态调度就可通过某种有效的算法,合理地把任务分配到各处理机上[32]。

目前也有人把静态和动态调度方法结合起来使用,这种方法称为混合方法(Hybrid Method)。这是一种非常实用的方法,也是本书所要采用的调度策略之一。

2.BNP 和 APN 调度算法

本书的讨论侧重于松散耦合的分布系统。当分布系统是松散耦合系统时,根据接受任务分配的计算机机群的数量的不同,调度算法可分为两类:BNP(Bounded Number Processors)和 APN(Arbitrary Processor Network)。

(1)BNP 调度算法

这类算法适合于网络速度足够快、可以忽略通信延时的分布环境。在这样的环境中,处理器之间具有充分而有效的连接。例如,相对紧耦合的网络可以使用快速以太网、Giga-bit 网和 AMT 交换网。在这样的平台上,如果能对任务进行优化分配,可以产生非常有效的调度。

(2)APN 调度算法

APN 调度算法需要计算任务中处理通信消息的代价。在这样的环境中,必须考虑网络的拓扑结构。与 BNP 调度算法相比较,APN 调度更加困难,调度程序必须同时进行任务和信息的调度。实际上通信的耗费是衡量这种调度算法性能的一个重要因素。当通信的耗费相对于计算的耗费是非常大的时候,通信的费用必然是整个应用费用的主要部分。减少通信费用的技术之一是使用高带宽、低延时网络,目前有几种典型的通信网络,如:ATM、HPPI、FDDI,它们可以作为独立处理节点之间的通信渠道,从而构成一个快速的并行分布计算系统。另一种减少通信费用的技术是,使用不同的应用程序接口(API)来减少高层协议的费用,这些协议的代价取决于特定网络硬件和软件接口的实施。

人们在将APN算法应用于实际问题时,提出和实现了很多软件工具,对应用进行统计和分析,使用户可以得到应用的计算系列,并进一步将其划分为若干相对独立的任务,然后将这些任务调度或映射到计算机集群中。然后,这些工具再产生并行执行代码,代码中含有标准软件包和消息传递原语,如PVM或MPI原语等。

1.3 调度问题的研究进展

1.3.1 调度问题的研究动态

调度问题一直是计算机科学的一个热门的研究领域[100]。有许多专著和期刊专题讨论调度问题,大量的论文在许多计算机科学方面的期刊上发表,如:Parallel and Distributed Computing, Parallel Computing and Transputers, Parallel Processing, IEEE Transactions on Parallel and Distributed System, IEEE Transactions on System Man and Cybernetic, Information and Computation, Theoretical Computer Science, Computers & Operations Research, International Journal of Electronics等等。与该研究方向相关的国际会议有:Proceedings of the Conference on Parallel Problem Solving from Nature, International Conference on Parallel Processing, the International Conference on the Theory and Practice of Software Development(TAPSOFT), the International Conference on Concurrency Theory(CONCUR), the International Conference on Neural Networks, the International Conference on Genetic Algorithm, International Conference on High Performance Computing (APC)等等。不仅如此,许多新兴的学科都把各自领域的研究成果应用于解决调

度问题，如：基因算法的研究、人工神经网络的研究、人工智能和分布式人工智能的研究都把解决调度问题作为其应用领域之一[65]。

调度问题作为分布计算和集群计算的核心问题之一，其研究工作在国内也一直十分活跃。许多大学和科研机构在并行分布计算和调度问题方面进行了卓有成效的研究。其中清华大学的李三立教授在分布式动态负载平衡及其仿真方面[82]、清华大学的王鼎兴、郑纬民教授领导的课题组在利用人工智能中的搜索技术来解决调度问题方面[91][92][93]、国防科技大学吴泉源、王怀民教授课题组在基于 Agent 的分布计算环境方面[96][97]、南京大学的谢立教授在智能分布式任务调度方面[104]、吉林大学的刘大有教授在分布 Agent 协商调度方面[83]都取得了很好的研究成果。

1.3.2 调度技术的研究进展

大量的研究投入使得调度问题不断有新的成果出现。文献[4]讨论目前几个较为新颖的算法，一般说来，这些算法能够较好地解决适合于静态特点的问题领域。目前动态调度的研究把重点从编译程序转移到处理机在执行时能够独立处理工作负载，已提出了发送者主动(Sender Initiated)和接收者主动(Receiver Initiated)以及双向主动(Symmetrically Initiated)算法。使用发送者主动的算法，过载的节点，即负载过多的节点，可以把一个或多个任务传送给低载节点，即负载不足的处理器；使用接收者主动算法，低载的节点主动向过载的节点请求任务；使用双向主动的算法则是发送者和接收者都可以启动负载的传送。

在动态调度中，调度算法的耗费会直接影响系统的性能，因此一个重要的问题是调度算法在什么地方执行、调度信息存储在什么地方以及调度算法所使用的技术到底有多复杂。基于这种考虑，有的学者把调度问题分为“分布调度”和“中心调度”两种情况讨论[35][36]。

在分布调度中，调度任务和调度信息是分布在各处理机的存储器中。发送者主动和接收者主动的分布调度策略，都采用一个处理机缓冲池来搜集邻接处理机的负载信息。分布调度策略还普遍采用一种方法，允许空闲处理机通过访问共享任务队列来获取任务。为了防止一个以上的处理机执行同一个任务，使用这种方法时必须使用某种同步机制来限制在某一时刻只能有一个处理机来存取这个队列。虽然访问共享队列和从共享队列中删除一个或多个任务增加了调度系统的耗费，但可以改进系统的负载平衡情况。与静态调度相比，增加了一些耗费，但从调度质量中挽回了一些损失。

中心调度技术把全局信息存储在一个中心位置，使用这种技术，要牺牲一个或多个处理机的存储资源，但能够作出比较全面的调度。在某些中心调度策略中，发送或者接收的处理机与一个特定的处理机进行联络，进而各自找到自己所需要的接收者和发送者。现有的中心调度技术的缺点是存取共享信息和请求任务执行时存在冲突问题，这种冲突使得完成中心调度的处理机成为系统的瓶颈，文献[50]提出了分级调度结构，减少了瓶颈现象。中心调度的另一个缺点是，使用一个指定的处理机来存储信息，并没有充分利用这个处理机的处理能力来完成复杂的优化技术。

现有的许多调度技术一般以任务的执行时间为基础，把重点集中在负载平衡上，忽略了任务与处理机之间的关系，因而会作出一些盲目的调度。造成这种状况的一个很明显的原因是，同时考虑负载平衡和任务与处理机之间的关系会增加调度的复杂性；另一个原因是分布调度对存取任务与处理机之间关系的能力有限。尽管如此，还是有不少研究者提出了采用启发式方法减少执行时间和减少通信成本以及减少访问内存的方法[33]，在这些方法中，有的利用一个处理机 cache 的状态与一个任务建立联系，以获取该任务最近在这个处理机上的执行信息。还有一些方法，利用特殊的应用信息，如根据数据在各局部存储分布情况进行启发式调度。这些技术使用数据分片的信息,把任务分配到存放有该任务执行时需要这些数据的处理机上。

相对静态调度来说,动态调度技术的研究和应用的成果较少一些,因为这些技术昂贵的计算成本使得在进行动态调度时效率不高。目前最流行的算法采用的技术通常是针对一个特殊的问题领域,并在这个限定的范围内和较少系统参数的条件下开展研究。本书正是在这种指导思想之下来研究调度算法的若干问题的。特别是在本书的后半部分,重点研究具有 AND/OR 优先约束关系的任务系统的调度问题。实践证明这种研究思路更易于提出一些适用的调度算法,解决某些领域里的应用问题。

1.4　调度问题的主要难点及解决途径

调度问题对绝大多数应用来说是 NP-完全的,只有在少数高度简化的领域中才不是 NP-完全的。在这些领域里使用一些启发式方法的调度可以取得多项式时间复杂性[28][29]。对于一般的调度问题来说,由于应用领域的假设不同而千变万化,使得调度问题在许多情况下非常难以处理,需要使用启发式方法才能在合理时间内完成,但使用了这些启发式方法又不一定能够求得最优解,一般只能求得满意解。

一般来说,一个优化算法往往是对程序表示的问题模型和分布系统作了种种假设才能得到。一般的简化假设包括:任务的执行时间相同、任务间的通信时间可以忽略不计(即零通信)、并行处理器之间完全连通、可用处理器数目无限制等。这些假设有可能由于各种原因而不能成立,例如,假设任务的执行时间相同,但实际中各任务的计算量不可能相同。

另外并行分布的结构也可能不相同,例如目前流行的结构有:分布内存多处理器(DMMS)、共享内存多处理器(SMMS)、对称多处理器族(SMPS)、工作站网络(NOWs)和基于 Internet 的网络。

特别是后两种作为高性能低成本的并行处理平台具有良好的应用前景。但在这些结构中，以消息传递方式的通信和分布存储不可避免地要出现不可忽视的延时，因而不可能是零通信。此外，处理器间的全连通假设对 DMM、SMP 和 NOW 来说都不太可能。因此，所有基于这些假设的调度算法在实际应用环境中其性能都要打折扣。

调度问题的最大挑战还在于如何处理任务系统的动态性。动态调度出现的巨大复杂性，使得动态调度算法产生很高的计算成本而降低了实用性。

从以上分析不难看出，许多调度问题远远还没有得到解决，调度算法的研究仍然是一个长期而艰巨的任务。在现阶段，我们可以只针对某一领域的问题，采用启发式方法，寻求更有效的解决方案。

由于工作站网络（NOWs）和基于 Internet 的网络作为高性能低成本的并行处理平台具有良好的应用前景，本书确定在这种松散耦合平台下，根据其特点，集中研究一些目前流行的启发式静态调度算法，在分析这些算法的同时，提出更为合理的更为精细的算法。然后，再进一步考虑动态负载平衡问题，使用静态和动态混合调度策略，将启发式静态调度方法与分布式人工智能中的Agent技术结合起来，以提高调度算法的实用性。

本书同时也考虑面向问题领域寻求解决途径。因此，针对具有 AND/OR 优先约束关系的任务系统，比较系统地分析这个领域的调度问题，在基于集覆盖启发式算法和启发式表调度算法的基础上，提出了多种 AND/OR 优先约束关系的任务系统的调度算法，较好地解决了在这个领域的调度问题。

1.5　本书的组织

本书共分十章。

第一章概述了调度产生的背景和它在分布计算中所处的地位,分析了调度算法研究的现状和最新进展,指出了调度问题难点,提出了本书的解决方案。

第二章介绍了调度的基本问题、基本理论以及调度的技术特点,讨论了调度问题的复杂性。同时也详细讨论了启发式调度算法所使用的一般技术,指出了影响启发式调度算法性能的各种因素。

第三章介绍分布式系统中的几种任务分配(Task Allocation)策略,这些策略的着眼点是设法减少系统中各处理机间的通信开销和运行任务所需的开销,以此来提高整个系统的性能。

第四章深入地讨论了静态调度的表调度技术,分析了几个有代表性的表调度算法,并在对这些算法所使用的技术进行深入研究和实验的基础之上,提出了一种较为有效的"冒泡迁移"调度方法,减少了调度的时间复杂性。

第五章首先讨论负载平衡问题的一些基本概念,主要围绕动态调度的目标进行探讨;接着,讨论了几种负载平衡问题的策略和算法;最后,讨论了智能型任务调度算法。

第六章在前几章充分讨论了各种静态和动态调度技术的基础上,进一步探讨静态与动态相结合的调度方法,其中着重探讨了Agent 技术在动态调度中的应用,提出了一种混合调度的方法。该方法以静态调度作为一种预分配,然后在运行时利用 Agent 进行实时调整,以弥补静态调度时不精确和不确定信息所造成的不足。

第七章在一个特殊的问题领域——具有 AND/OR 优先约束关系的任务系统内研究调度问题,讨论了该问题产生的背景和应用范围,给出该问题的基本定义,证明了 AND/OR 调度模型覆盖了一些其他模型。同时也证明了对任何 AND/OR 优先约束关系,可跳过问题是不可跳过问题的更抽象形式,即不可跳过问题可由可跳过问题的算法来求解,可跳过问题涵盖了不可跳过问题。然后讨论了 AND/OR 调度问题的时间复杂性，指出了 AND/OR 问题在单处理机系统和多处理机系统中都是 NP-完全的。最后提出了一个改进的 AND/OR 图的传递闭包算法，它是后续章节提出的调度算法的基础之一。

第八章讨论了如何减少 AND/OR 优先约束任务的完成时间的调度问题，提出了一个减少完成时间的近似算法。该算法通过在 AND/OR 图中寻找一个纯 AND 图来降低任务图的复杂性。算法的关键是提出了一个距离定理，它描述了任务图中处理时间和最长路径与最差调度的执行时间关系，保证了对几种类型任务图的调度问题，能够非常有效地设计减少调度执行时间的近似算法。

第九章讨论了 AND/OR 任务系统的启发式算法。由于 AND/OR 任务系统的完成时间最小化问题可抽象为典型的集覆盖(Set-Cover)问题，这个问题是 NP-Hard 问题。针对这个问题，对集覆盖问题的 Chavatal-Lovasz-Johnson 启发式算法进行了扩充，提出了一类启发式算法。启发式算法包括计算传递闭包和在 AND/OR 图中求解路径问题，它们对具有 IN-TREE 优先约束关系的不可跳过和可跳过的任务系统都能够提供较好的性能保障。第九章还提出了一个 Curtail()算法，将好的单处理机启发式算法与 Curtail()算法耦合在一起，为在多处理机系统下的调度提供了性能保障。第九章最后用模拟方法对算法进行了测试，比较了这一类算法的质量和执行时间，并作出了评价。

第十章对本书的内容进行了总结，并讨论了值得进一步研究的问题。

第二章 调度的基本问题及相关技术

本章将从调度的定义和基本问题出发，讨论调度的复杂性问题，分析启发式调度产生的背景以及启发式调度的相关技术。最后讨论面向领域的调度问题。

2.1 调度问题

2.1.1 调度模型

一个调度系统由程序任务、分布环境和调度程序三部分组成[31]。在这个系统中，调度的性能可以获得优化。

定义 2.1 任务系统 并行程序由一组可并行执行的任务组成，一个并行程序的特征可以定义为一个任务系统($T, \prec, D, A$)，其中：

(1)$T=(t_1, t_2, \cdots, t_n)$是一组可执行的任务。

(2)$\prec$是 T 上的一个偏序关系，用来说明任务之间的优先约束关系，即：如果 $t_i \prec t_j$，则意味着 t_i 必须在 t_j 之前开始执行。

(3)D 是一个 $n \times n$ 的通信矩阵，其中 $d_{ij} \geqslant 0 (1 \leqslant i, j \leqslant n)$是需要从 t_i 传送到 t_j 的数据量。

(4)A 是一个 n 维向量，它表示计算量，即 $A_i > 0$ $(1 \leqslant i \leqslant n)$为任务 t_i 的计算量。

在分布系统中，任务之间可能存在、也可能不存在优先约束关系。当必须考虑优先约束关系的时候，一个并行程序可以表示为一个有向无环图 G=(T,E)，其中 T 是节点集，E 是有向边集。一个节点 t 在 DAG 中表示一个任务，一个有向边用一个节点对(t_i，t_j)表示，前一个节点称为先辈节点或父节点，后一个节点称为后继节点或子节点。无先辈节点的节点称为入口，无后继节点的节点称为出口。

一个 DAG 的优先约束关系表现为一个节点不能在获得它的父节点的所有信息之前执行。如果两个节点被分配到同一个处理机上，那么它们之间的通信成本视为零。

2.1.2　DAG 的产生

一个并行程序可以由 DAG 模型来刻画。虽然一个程序中的循环不能由 DAG 模型直接表达出来，但可将在循环中的数据流的并行计算分解为更小的任务，在局部加以刻画。绝大多数数值计算算法条件分支较少，这样 DAG 就很容易精确描述这些应用，特别是像高斯消去法和快速傅立叶变换等这样的数值计算方法，循环的边界在编译时完全可以确定下来，这样的循环迭代就可以包含在一个任务之中，也就是说可以用 DAG 的一个节点表示。当然，在大多数情况下，节点和边是靠估计出来的。一般根据特征信息，如数值运算、内存存取操作和消息传递原语等进行估计。

2.1.3　分布模型

在一般基于 DAG 的调度中，目标集群系统假定为处理单元(Processing Elements，简称 PE)通过任意方式连接的网络系统。每个 PE 由一个处理机和 PE 局部存储器组成。在我们讨论的分布模型中，没有公共存储器，通信仅依赖于消息传递(Message Passing)机制。这样的 PE 可能是工作站，也可能是个人计算机；可以是同构的，也可以是异构的。这意味着它们有不同的计算速度和处理能力。即,每个处理单元 P_i 有各自不同的速度 sp_i。PE 可以按一定的拓扑结构相互连接,这种连接可以用一个无向图来表示,称为网络图(Network Graph)。图中处理单元 P_i 与 P_j 之间的连接有一个传输率 r_{ij},它表示在单位时间内通过这个连接的数据量。

这里假定并行程序的每个任务都可以在互连的任意处理机上执行,只是不同处理机上的完成时间可能不同。

不难看出,这样的分布模型非常具有普遍性,我们选择的实现启发式调度算法的基于 NOW 的试验平台或基于 Internet 的网络平台都能满足这种模型。

2.1.4 调度

定义 2.2 一个在有 m 个处理单元和任务图 $G=(T,E)$ 之上的调度是一个函数 f,f 将每个任务以某个特定的开始时间映射到某个处理单元。

从形式上,一个调度可描述为:

$$f: T \to \{1,2,\cdots,m\} \times [0,\infty]$$

如果存在 $v \in T$, $f(v)=(i,t)$,则表示任务 v 被调度到处理单元 P_i 上,且从时间 t 开始执行。

函数 f 可以表示成如下定义的 Gantt 图。

定义 2.3 Gantt 图用于直观地表示所有任务的开始时间和完成时间。在一个 Gantt 图中,有一个分布系统的处理单元表,对于表中每个处理单元都有一个任务分配表,即将分配到这个处理单元的所有任务按执行时间排列成表,其中包括开始时间和结束时间,分别用 $ST(t_i,P)$ 和 $FT(t_i,P)$ 表示。

实际上,Gantt 图是一个四元表:

$Gantt(P_i, t_j, ST(t_j, P_i), FT(t_j, P_i))$

其中，$P_i(i=1,2,\cdots,m)$为处理单元；

$t_j(j=1,2,\cdots,n)$ 为分配到 P_i 上的任务；

$ST(t_j, P_i)$ 为 t_j 在 P_i 上的开始时间；

$FT(t_j, P_i)$ 为 t_j 在 P_i 上的结束时间。

定义 2.4 一个任务系统的最大调度长度 SL(Schedule Length)定义为所有处理机 P_i 中的

$$\max_t\{\sum_j FT(t_j, P_i)\}$$

调度的目标就是要将任务适当分配到处理机并协调任务之间的执行顺序，使得并行执行时满足并行任务之间的优先约束关系，而且 SL 最小。

2.1.5 计算时间和通信时间

计算时间和通信时间也称为执行成本和通信成本，我们用 $q(t_i)$表示节点 t_i 的计算成本，$c(t_i, t_j)$表示 t_i 到 t_j 之间的通信成本。当已知一个任务图的参数和分布系统后，就可以确定执行成本和通信成本。设 A_i 为任务的计算量，$sp(P_j)$为处理单元 P_j 的执行速度，则在处理单元 P_j 上执行任务 t_i 的成本为：

$$q(t_i) = A_i/sp(P_j)\text{（单位时间）}$$

又设 d_{ij}为任务的通信数据量，r_{ij}为通信介质传输率。当任务 t_i 与 t_j 分别执行在相邻的处理单元 P_k 和 P_l 之上时，它们之间的通信成本为：

$$c(t_i, t_j) = d_{ij}/r_{ij}\quad\text{（单位时间）}$$

计算成本和通信成本常常作为节点权值和边权值出现在 DAG 图中，一个并行程序的通信成本与计算成本之比 CCR(Communication to Computation Ratio)定义为边平均权值除以节点的平均权值。

2.2 通信模型

一个并行程序的完成时间主要分为两部分：计算时间和通信时间。下面讨论两种用于计算完成时间的方法。在这两种方法中，三种通信模型的通信时间的计算方法完全不同[33]。我们首先讨论这三种不同的通信模型以及它们在计算完成时间中的作用。

2.2.1 考虑通信的完成时间

对于一个任务图 G=(T, E)，要将它的任务分配到 m 个处理单元，用 Proc(t)表示执行任务 t 的处理单元，如果不考虑通信问题，则这种分配很容易表示为 Gantt 图。

一个并行程序的完成时间的执行时间部分可以从 Gantt 图中最后一个任务的完成时间来确定。如果能够确定总的通信时间，则一个并行程序的完成时间为：

完成时间 = 执行时间 + 总通信时间

总的通信时间可以计算为：

总通信时间 = 消息总数 × 每个消息的通信时间

消息的总数可以通过两种模型得到：

模型 A：消息的总数定义为节点对(u, v)的总数

其中(u, v)∈E 并且 Proc(u)≠Proc(v)

模型 B：消息的总数定义为“处理机-任务”对(P, t)的总数

其中 P 并不计算 t，但至少要计算 t 的一个后继任务。

2.2.2 从 Gantt 图得到完成时间

如果一个处理单元有 I/O 处理器就意味着它可以同时进行计算并与其他处理单元进行通信，因而任务和通信可以在同一时间段中进行。这样并行程序的完成时间就可以直接由 Gantt 图确定，即：

程序完成时间 = 调度长度

这就是第三种时间模型：

模型 C：假定分布系统中的每个处理单元都具有 I/O 处理器，则一个任务可以分配到某个处理机上边执行边通信。

例如，考虑如图 2.1(a)所示的任务图。假定这 5 个任务在 P_1 和 P_2 上的执行时间都为 1。任务 a 发送消息到任务 b, c, d, e。我们用这个例子试图说明三个模型之间的差别。

如图 2.1(b)所示，在模型 A 和 B 中，假定任务 a, b, d 被分配到处理机 P_1 上，任务 c, e 被分配到 P_2 上。

使用模型 A 总消息数 = $|(a, c), (a, e)| = 2$

使用模型 B 总消息数 = $|(a, P_2)| = 1$

如果假定某个消息的耗费为一个单位时间，则完成时间为：

使用模型 A 程序完成时间 = $3 + 2 = 5$

使用模型 B 程序完成时间 = $3 + 1 = 4$

在模型 C 中，假定分配到两个不同处理机上的任务之间的通信时间为一个单位时间，图中表明任务 d 在 P_2 上不能在 a 的消息到达之前开始执行。这个消息有一个单位时间的通信时间，所以程序完成时间为：

程序完成时间 = 调度长度 = 4

在这三种通信模型中，对环境的假设各不相同。模型 A 对环

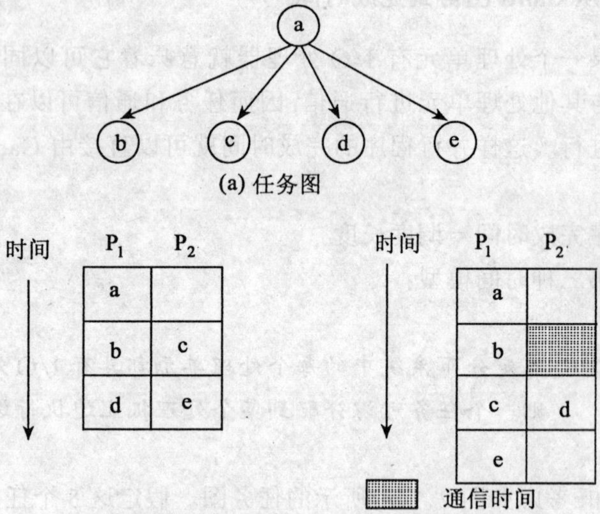

(b) 模型 A 和模型 B 下的任务分配图

(c) 模型 C 下的任务分配图

图 2.1 三种通信模型下的完成时间

境的假设太弱，c、e 被分配到同一个处理机上，但仍然要求两次将 a 的消息传送到 P_2 上。模型 C 假定分布系统中的每个处理单元都具有 I/O 处理器，这种假设又太强，因而不具有普遍性。模型 B 的假设比较合理，如图 2.1 所示，任务 a 的消息传送到 P_2 只需要计算一次，任务 c、e 都可以利用这次传递。因此，它的通信时间仅仅是一个单位时间。我们在后面提出的启发式算法中，都将采用这种模型来计算通信成本。

2.3 调度问题的复杂性

前面在讨论调度问题的难点时已指出，绝大多数调度问题的复杂性是 NP-完全的。直观地说, NP-完全的是一类计算复杂性非常高,以致于难以在某个合理时间范围内求解的问题。这类问题包含许多组合数学、图论和计算机科学中的许多经典问题,例如货郎担问题(Traveling Salesman Problem),哈密尔顿回路问题(Hamilton Circuit Problem)和整数规划问题(Integer Programming)。有些著名的算法对这些问题的某些输入可以取得多项式时间复杂性。而在一般情况下,这些 NP-完全问题的准确时间复杂性仍然不能确定,它们依然是计算机科学理论中未能解决的问题。

2.3.1 不考虑通信时间的调度问题的复杂性

一般说来, DAG 调度问题是 NP-完全问题。对于某些优化算法,如果为多项式时间复杂性的话,大体上分为三种情况[23]。

第一种情况为一个有相同节点权的树结构的 DAG。对该 DAG 一般作如下假定:

- 一个任务图由 n 个任务组成;
- 一个分布系统由 m 个处理单元组成;
- 每个任务的执行时间为一个单位时间;
- 每个任务对之间的通信时间为 0;
- 目标是寻找优化调度,以减少总的执行时间。

同时还假定任务图或者为 IN-FOREST,即每个节点最多有一个直接后继节点;或者为 OUT-FOREST,即每个节点最多有一个直接先辈节点。

在这些假定之下, HU 提出了一个具有线性时间复杂性的算法。该算法的策略是:任务图中最高层节点优先调度,这层的节点到终节点的路径上节点最多。这种方法对 IN-FOREST 任务图能够很好地工作,稍作改进也能够适用于 OUT-FOREST 任务图。

该算法的基本思想为：

1. 计算任务图中每个节点的层数，并将其作为该节点优先级；
2. 当某个处理单元可使用时，将优先级最高的节点分配给该处理单元。

第二种情况为将一个有任意结构但具有相同节点权的 DAG 调度到两个处理机上。Coffman 和 Graham[58]设计了一个时间复杂性为 4 次函数的算法解决了这个问题。HU 和 Coffman 的算法都是采用的节点标记法(Node-Label)产生优化调度表来进行优化调度。Sethi 提出了一种更有效的节点标记法[42]，将 Coffman 的算法改进到几乎只有线性时间复杂性。

第三种情况为将一个具有区间有序(Interval-Ordered)并且有相同节点权的 DAG 调度到任意数目的处理机上。一个 DAG 称为是区间有序的，其要求是：如果任何两个具有优先关系的节点都可以映射到实数轴两个不相重叠的区间上。Papadimitriou 和 Yannakakis 设计了一个具有线性时间复杂性的算法可以求解这个问题。

在上述三种情况中，任务间的通信时间都被忽略了。如果是具有相同的边权(即通信时间相同)且区间有序的 DAG，Ali 和 El-Rewini 证明了可以以多项式时间进行调度[30]。

下面将给出某些调度问题的形式化定义，然后说明其 NP-完全性。在这些问题中仍然没有考虑通信问题。

定义 2.5　广义调度问题　设任务集 T 包含有 n 个任务，$\prec$ 是 T 上的偏序关系，$q_i(1\leqslant i\leqslant n)$为一组权值，m 为处理机个数，时间限制为 k，如果存在一个从 T 到$\{0, 1, \cdots, k-1\}$上的函数 h 使得：

如果 $i \prec j$ 则 $h(i)+q_i \leqslant h(j)$；

对任意 $i \in T$, $h(i)+q_i \leqslant k$

对任意 t, $0 \leqslant t \leqslant k$，最多有 m 个 i 值满足

$$h(i) \leqslant t \leqslant h(i)+q_i$$

则称为广义调度问题。

以下是广义调度问题的几种特殊情况：

1. 单位执行时间调度(Single Execution Time Scheduling)

这种调度将一般调度问题限制在 $q_i=1(1 \leqslant i \leqslant n)$，即所有的任务为一个单位执行时间；

2. 双处理机与单位执行时间或双单位执行时间调度

这种调度将一般调度问题限制在 $m=2$, $q_i=1$ 或 $2(1 \leqslant i \leqslant n)$，即，仅有两个处理机，所有的任务为一个或二个单位执行时间；

3. 双处理机与区间有序调度

这种调度将一般调度问题限制在 $m=2$，偏序关系 $\prec$ 为区间有序；

4. 单位执行时间与反森林调度

这种调度将一般调度问题限制在 $q_i=1(1 \leqslant i \leqslant n)$，任务结构的偏序结构为反森林(Opposing Forest)。

Karp 在 1972 年证明了广义调度问题是 NP-完全的。Ullman 在 1975 年证明了上述问题 1 和问题 2 是 NP-完全的。1979 年 Papadimitriou 和 Yannakakis 证明了问题 3 是 NP-完全的。1983 年 Garey, Johnson Tarjan 和 Yannakakis 证明了问题 4 也是 NP-完全的[60]。

2.3.2　考虑通信时间的调度问题的复杂性

考虑通信时间调度问题的时间复杂性的变化取决于使用哪一

种成本模型来计算通信成本。不同通信模型调度问题的 NP-完全性结果为[42]：

使用模型 A 考虑通信时，Afrati 等证明了将树结构任务调度到任意数目处理机的调度问题是 NP-完全的。

使用模型 B 考虑通信时，Prastein 证明了即使所有任务的执行时间相同并且任何处理机之间的通信成本相同，将任意优先次序的任务图调度到两个处理机的调度问题是 NP-完全的。

使用模型 C 考虑通信时，Papadimitriou 和 Yannakakis 证明了对任何处理机之间的通信成本相同或大于等于 1 个单位时间，而且具有单位执行时间的任务图调度到任意数目的处理机调度问题是 NP-完全的。

以上不难看出，即使在假设非常简单情况下的调度问题，仍然是 NP-完全的，所以我们必须寻求某些近似的方法来求解问题。这就产生了各种启发式方法。

2.4　启发式调度及其相关问题

既然笼统地解决一般的调度问题是一个非常困难的问题，那么为了解决一些实际调度问题，有时需要对并行程序和分布系统适当作一些限制和简化，或者提出一些次优的解决方法。因而，调度问题的研究非常强调启发式方法。启发式方法能够取得较好的时间复杂性结果，但不能保证得到最优解。

通常提出的启发式方法是利用一些影响系统性能的特殊参数。一个启发式方法优于另外一个启发式方法是它所得到的解更接近于最优，或者是它能够用较短的时间得到相同优化程度的解。启发式调度方法的有效性取决于利用并行程序和分布系统的那些参数。一个启发式方法对某些特殊任务图在特定的目标系统调度中起着优化作用，但不一定对其他的任务图在其他目标系统中也能够产生优化调度。所以不同的启发式方法只能在不同的环境下产生较好的效果。

下面将分析设计基于启发式方法调度的几个主要问题，并讨论设计启发式调度算法的基本思想。

2.4.1　并行性与通信时间

在任务之间的通信时间可以忽略的情况下，就绪任务可同时分配到当前可利用的处理机上，这样可以减少总的执行开销。这种情况可能出现在共享内存的环境下。在该环境下，通信可以在存储器的刷新周期内完成。实际上，这种环境是许多不考虑通信时间的启发式调度方法的基础。

另一方面，当通信时间不可忽略的时候，启发式调度方法必须在分配任务时考虑通信时间问题。有时可能要考虑将具有较长通信时间的任务，与发送消息给它的任务分配到同一个处理机上。这正是我们在第六章所实现的启发式调度方法的基本策略之一。

现在考虑图 2.2 所示的任务图。由于任务 a 和 b 之间的通信时间大于 a 和 c 之间的通信时间($y>x$)，任务 b 被分配到与任务 a 同一个处理机(P_1)。如果 a 与 c 之间的通信时间小于任务 b 的执行时间，则任务 c 分配到 P_2 是合理的，因为它缩小了调度长度，否则 c 必须调度到 P_1。

如图 2.2 中的 Gantt 图 1 所示，当 x 等于 5 个单位时间时，c 必须调度到 P_2，产生的调度长度为 30 个单位时间。如果将 c 调度到 P_1，则产生的调度长度为 40 个单位时间。

又如图 2.2 中的 Gantt 图 2 所示，当 x 等于 25 个单位时间时，c 必须调度到 P_1，这时产生的调度长度为 40 个单位时间。如果将 c 调度到 P_2，则产生的调度长度为 50 个单位时间。因此当考虑通信时间的时候，就增加了优化调度的难度。因为调度算法必须考查每个任务节点在每个可用处理机上的开始时间，从而选择一个最早开始时间。

如上所述,如果启发式方法总是简单地强调通过提前任务的执行时间来增强并行性,则可能产生的结果并不理想。如果将并行任务分布到过多的处理机上,将会导致通信时间的增加,从而导致总的开销增大。简而言之,调度算法要在最大程度利用并行性和减少通信时间之间进行权衡,以取得理想的综合效果。

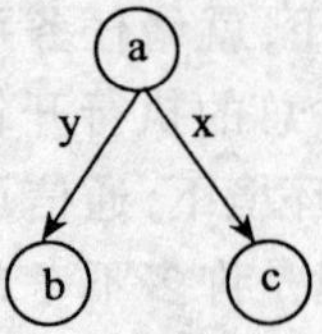

任务图

任务	执行时间
a	10
b	15
c	15

弧	通信时间
{a, b}	y
{a, c}	x<y

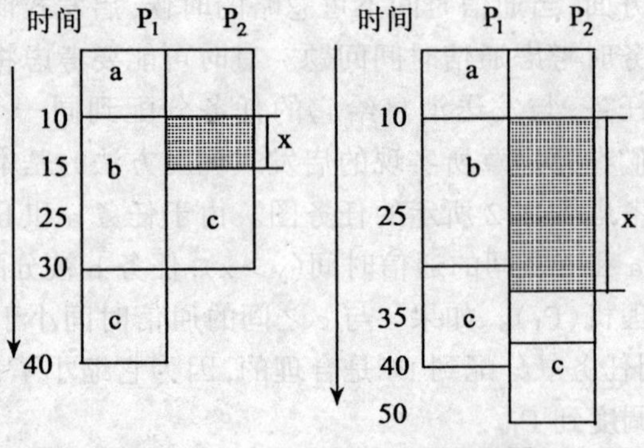

Gantt 图 1　　　Gantt 图 2

x=5　　　x=25

图 2.2　通信时间与并行性

2.4.2　并行粒度和数据的局部性

粒度大小是启发式方法必须考虑的又一个问题,同时它也与并行性和通信时间密切相关。它在程序分片时就必须解决。这个问题的难度是如何确定一个程序的任务图中每个节点的最佳粒度大小。

粒度定义为若干连续的指令结合在一起形成的模块的大小，这个模块能够在每个处理机上独立执行。改变粒度大小可以通过增加或减少模块的指令数。粒度可以小到只有一条指令，大到包含整个程序。如果粒度太大，则并行性减弱，因为潜在的并发任务被合并到一个任务中，并且只能在一个处理机上顺序执行。另一方面，当粒度太小时，系统要把大量时间花在上下文切换、调度和通信上，从而增加了执行的总成本。

由于各种分布系统的产生，将程序进行划分并将各个分片程序所使用的数据尽可能放到局部处理单元变得越来越重要，其出发点是减少各处理单元所运行的任务之间的数据移动。因为，即使分布系统使用高数据传输率通道，其延时还是远远大于局部存储器的延时。另一方面，如果仅考虑将并行程序放到一个处理机执行来增加数据局部化，将会牺牲程序的并行性。所以，在启发式调度中要权衡最大局部化和最大并行化之间的矛盾。好的调度能使得最大局部化和最大并行性都能够得以实现。

不同的并行程序设计环境往往形成一种“自然”粒度，例如，面向对象程序设计中的类。在我们的解决方案中，对 Java 是按可执行类来作为分布并行的粒度。对 Ada95，由于它具有分片语义，所以是以分片作为分布并行粒度[2][20][47]。

2.4.3　非确定性

任务的不确定性是启发式调度方法所必须面对的问题[14][24]。在确定性调度中，任务和任务之间的关系在执行之前是已知的。如果有某些信息在执行之前是未知的，那么必须处理这种不确定性。调度不确定性任务图时会碰到各种情况，但最主要的是分支和循环结构。如果不确定性出现在循环结构中，那是因为在程序执行之前,我们根本不知道循环迭代的次数是多少。不确定性最主要地是与条件分支联系在一起,循环也属于一种特殊的条件分支。在有条件分支的情况下,程序执行之前并不知道分支朝着哪个方向前进,这就有可能造成某个子程序有可能执行,也有可能不执行,从而大大增加了调度过程的复杂性。此外,一个节点中的条件分支也可能引起执行时间和通信时间的改变。

对于非确定性程序的任务可以采用动态调度方法,然而动态调度要耗费大量的时间和资源,导致整个执行开销增大。附加的通信开销、额外存储的消耗和调度程序本身的执行时间,都妨碍着动态调度的实施。而且,动态调度还可能造成任务"抖动"现象,即某些任务不停地在处理机之间移来移去,这样的时间耗费会更大。因此,启发式方法必须很谨慎地使用动态调度技术[7]。为了减少动态调度的开销,可以适当采用一些静态方法,这样就必须在程序执行之前预测它的某些非确定性行为。动态和静态调度混合使用是目前比较实用的方法,所以,本文在第六章采用混合调度方法来处理任务的不确定性。

2.4.4 基于优先级的调度

在表调度算法中,任务按优先级进行调度,具有较高优先级的任务优先调度。一旦一个任务被挑选出来后,就要按照某种标准来选择一个处理机执行这个任务。在这个阶段,也有多种启发式方法来设定任务的优先级和选择处理机[34]。例如,一个启发式方法可以按某个任务节点到终节点的路径长度来指定该任务的优先级。按任务的后继节点数来指定优先级也是一种启发式方法。类似地,最早开始时间和最迟开始时间也是选择处理机的标准之一。在第五章,将会详细讨论几个表调度算法,并提出一个能够较好地处理出现优先级均等情况的调度算法。

2.4.5　启发式方法中的任务聚族

这种类型的启发式调度方法的思想是，将调度过程分为两个阶段：

- 处理机分配，这个过程将任务映射到各个处理机，映射到同一个处理机上的任务为同一个族；
- 任务发送，这个过程按某种顺序调度已映射到各处理机上的任务。

一个任务图的聚族可以作为调度中分配问题的中间过程。聚族也可以定义为将任务图中节点映射到一个标记族的过程，所有分配在同一个处理机上的任务标记为同一个族，如果两个可独立执行（无依赖关系）的任务被分配到同一个族，则该族称为非线性聚族，否则称为线性聚族。

聚族方法是从初始化聚族开始，然后完成一系列细化过程，直到达到特定的目标。族不是任务，一个族内的任务可以与其他族内的任务进行通信。为了避免过于复杂，族启发式算法一般是不可回溯的启发式方法，即在某些任务组合成一个族以后，就不可能再将它们分开。在初始化的时候，假定每一个任务都是一个独立的族，然后在后续的细化过程中逐步将两个族合并成一个，并将它们之间连接的边去掉，再将它们之间的通信成本置为 0，因为这个族的任务将会分配到同一个处理机上。一个典型的合并两个族的标准是它能够减少并行执行时间。

对于一个调度，如果假定族的个数不超过处理机的个数，则并行时间就是某个最大的族的完成时间。在任务分配的过程中，有两个重要的参数是：聚族任务图的关键路径和调度任务图主序列。关键路径是任务图中最长的路径，而主序列是任务调度图中最长的路径，或者说是等于实际并行执行时间的某个路径。换言之，关键路径是描述任务图的参数,而主序列是描述调度后的任务状态的参数。

在本文第六章所研究的静态与动态混合调度方法中,首先采用的是预分配方法。预分配所使用的就是任务聚族的方法,使用任务聚族可以将任务的执行时间和通信时间兼顾考虑。

2.4.6 任务复制

任务复制在启发式调度方法中可以减少通信时间。由于在不同处理机之间传递消息的成本远远大于在同一处理机上传递消息的成本,所以要尽量减少不同处理机之间消息的交换。启发式调度方法中任务复制的思想是,在多个接收消息的处理机上执行发送消息的任务的副本,这样就将处理机之间的通信改变为处理机内部的通信。

考虑图 2.3 所示的任务图。使用任务复制方法可以将任务 a 复制到 P_1 和 P_2 上运行,这样就可以使任务 c 在 P_2 上的执行时间提前,也就充分利用了任务 b 和 c 之间的并行性,并使得通信时间为 0。

图 2.3 通过任务复制来减少通信时间

2.5 具有 AND/OR 优先约束关系的调度问题

并行系统一般用偏序关系来描述它们的约束关系。如果一个任务有几个直接先辈，而且必须是每个先辈执行完毕之后才能执行，这些任务称为 AND 任务，这样的偏序关系称为 AND 优先约束关系。

在某些应用中，一个任务有几个直接先辈，但不一定需要它的每个先辈都执行完毕，就可以进入执行状态，这样的任务称为 OR 任务，这样的偏序关系称为 OR 优先约束关系。

在一个并行系统中，如果既有 AND 任务，又有 OR 任务，就称为 AND/OR 优先约束关系。

如果再仔细划分一下，AND/OR 又有两种实际应用背景，一种应用是 OR 任务的所有先辈最终都要执行，即这些任务是不可跳过的。这种应用模型称为不可跳过的 AND/OR 模型；另一种应用是 OR 任务的某些先辈是可以不执行的，即可以跳过的，这种应用模型称为可跳过的 AND/OR 模型。

可跳过的 AND/OR 模型的一个典型的例子是 MIMD 多处理器的指令调度问题。在多处理器上，计算同一个算术表达式可能使用不同的指令序列，这样的指令序列可以按不同的代数规则(如分配律和结合律)来获得。每个指令序列可以模型化为一个任务图，其中的每个任务图可以为某一个 OR 任务的先辈，这个 OR 任务就是直接跟在这个算术表达式后的指令。计算算术表达式只需要执行一个指令序列，一旦计算出结果后，其他指令序列都可以跳过。

人工智能领域里，大量问题求解可以化为 AND/OR 树的搜索问题，这类问题也属于可跳过的 AND/OR 类型(例如，求积分问题)。这些问题可以形式化为对若干子问题求解，每一层的子问题可以有不同方式求解[11][54]。求解这样的问题就可以模型化为可跳过的 AND/OR 树，在这个树中，AND 任务可表示一个问题由多个子问题求解，OR 任务表示一个问题可化为多个子问题中的某一个子问题求解。

在实际问题域中，可跳过的 AND/OR 和不可跳过的 AND/OR 问题都会出现。在支撑不精确计算的实时系统中，调度程序可以略去任务系统的某些部分，从而满足实际要求。在这样的计算中，可跳过的 AND/OR 任务模型表示某些任务或任务系统的某些部分可以跳过。

目前，已经有一些启发式算法在单处理机上调度可跳过的 AND/OR 任务[43]。这些算法假定任务系统非常庞大，并且算法以用户提供的预测不同任务的执行成本函数作为调度的依据。本书要解决可跳过的 AND/OR 在多处理机系统下的调度问题，并且不加其他限制。

具有 AND/OR 优先约束关系任务的调度比较复杂，我们将在第七、八、九章中详细探讨。

2.6 小 结

本章首先讨论调度问题的定义和一些基本概念，其中围绕调度的目标，即如何减少调度的完成时间，讨论了几种通信模型下的调度问题和相应调度问题的 NP-完全性，然后比较全面地讨论了启发式调度的相关技术。最后讨论了面向问题领域的具有 AND/OR 优先约束关系的调度问题。本章所讨论的基本概念和基本技术是后续几章研究的基础，其中有些技术将用于后面几章所研究的算法之中。

第三章　任务分配问题

任务可以不受优先关系的约束而相互作用或进行通信，这类任务的调度问题称为任务分配，它是属于略微简化了一点的调度问题。任务分配问题的背景是不需要强调任务在分布系统上的执行次序。在一个由多个处理机组成的分布系统中，相互作用的任务必须分配到多个处理机上，以充分利用系统资源。

在任务分配到处理机的过程中，有两种类型的成本：任务在某个处理机上的执行成本和处理机之间的通信成本。为了改进分布系统的性能，这两个目标必须满足，即：处理机之间的通信成本要降到最低；在不同处理机上的任务的执行成本需要平衡。这两者似乎有些冲突。任务分配技术就是要找到某种分配策略，使得处理机之间通信成本和任务的执行时间都尽可能最小化。

我们从前面的讨论中已经知道，一般情况下（处理机个数大于3）的任务分配问题是 NP-完全的，人们不会盲目地去寻求解决这类问题的最优解，但对于具体的分布式系统，在适当假设条件下，寻找不一定最优但实际可行且效果较满意的方法，仍是现今十分活跃的研究课题。在这方面已经研究出了许多各具特色的算法，较有代表性的一些方法是：基于图论的分配算法、0-1 规划法、启发式算法、各种负载共享策略、动态投标算法以及专家系统方法等等。它们可粗略地分为两大类：静态分配策略和动态分配策略。前者是在系统运行的初始时刻，将用户提交的任务一次性分配给系统中各处理机，此后直到这些任务运行完毕，各处理机上的任务一般不再变更。其特点是实现简单，但效果有限。后者是在运行过程中，将任务分配给各处理机，并对其上的任务数进行动态调整，尽可能使系统中各处理机上的负载达到基本平衡。其主要特点是能充分发挥各处理机的能力，但实现起来复杂程度高。从知识处理的观点来看，这些任务分配算法又可分为知识确定型和知识非确定型两类。前者是将算法所需要的有关知识(信息)看做不变的、确定的，而后者则视有关的知识(信息)是动态变化的、不确定的，甚至是不完全的。

本章介绍分布式系统中的几种任务分配(Task Allocation)策略，这些策略的着眼点就是设法减少系统中各处理机间的通信开销和运行任务所需的开销，以此来提高整个系统的性能。

处理机间的通信(简称 IPC)开销是由于位于不同处理机上的任务互相传递数据所引起的。因此，IPC 是任务间的通信(简称 ITC)和任务分配的函数，这里 ITC 是指每对任务间的数据传递。显然，如果两个任务同驻在一个处理机上，那么，它们就不会引起 IPC，因为我们总是假定，同驻在一个处理机上任务间的通信开销忽略不计。

通常，若干任务构成一个应用，一个任务是单一的处理实体。任务分解和任务分配是用于减少 IPC 的两个必要步骤。任务分配则是指把这些任务分配给处理机，使得它们由于 IPC 所引起的开销最小。假定任务分解已由软件设计者在设计阶段完成，提交给系统的应用已经分解成若干任务。本章主要讨论如何以最优方式将任务分配给处理机。注意任务的个数通常多于、甚至远远多于处理机的个数，因此，多个任务可能分配给同一处理机。下面我们依次讨论任务分配环境、影响系统性能的因素及几种任务分配策略。

3.1　任务分配模型

任务分配模型为：假定有 n 个待处理的任务，它构成一个运行在分布系统之上的并行程序，分布系统有 m 个异构处理机，它们经由互联网相互通信。通常情况下，n>m。分配的目标是通过任务分配机制 S 把 n 个任务分配给 m 个处理机，以减少执行和通信的总成本。

分布程序中的任务之间的相互作用可用一个任务作用图来表示。程序的每个任务在这个图中用一个节点来表示。两个节点之间的边表示相应的任务间可能产生的相互作用。如果这两个任务被分配到不同的处理机，则与这条边相联系的有一个通信成本；如果这两个任务被分配到同一个处理机，则通信成本可以忽略不计。与每个任务 t_i 相联系的还有一个向量 $Q(q_{i1}, q_{i2}, \cdots, q_{im})$，它表示该任务在 m 个处理机上的执行时间。当一个任务在某个处理机上的执行时间为∞时，则表示该任务不能在这个处理机上执行。图 3.1 为任务交互图和 6 个任务在两个处理机上的执行时间。

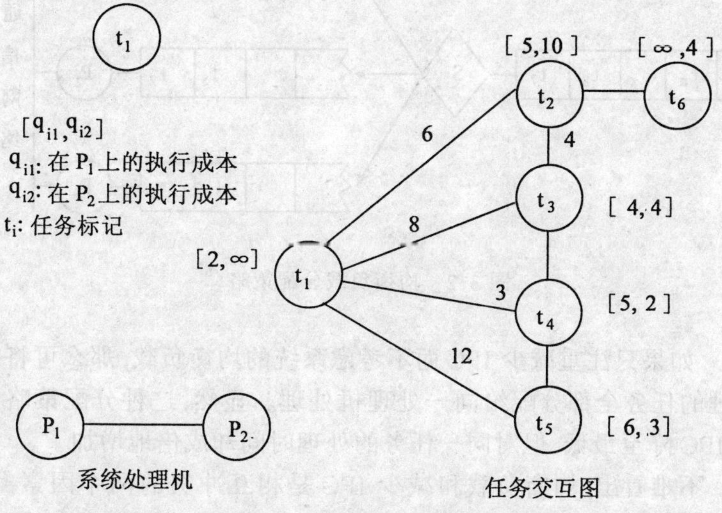

图 3.1　任务分配模型

3.2 影响系统性能的因素

均衡负载分配策略是把任务比较均等地分配给系统中的所有处理机,使得这些处理机差不多是均匀负载的。显然,这种分配策略可最大限度地提高系统的吞吐量,其例子如图 3.2 所示,图中被处理的 6 个任务($t_1, t_2, \cdots, t_6$)已被分配到三个可用的处理机(P_1, P_2, P_3)上。假定各任务的处理要求相同,且各处理机具有同等处理能力。为简单起见,还假定各处理机的处理速度为每个时间单位处理一个任务。因此,图 3.2 所示的系统在两个时间单位内可处理完提交的任务。

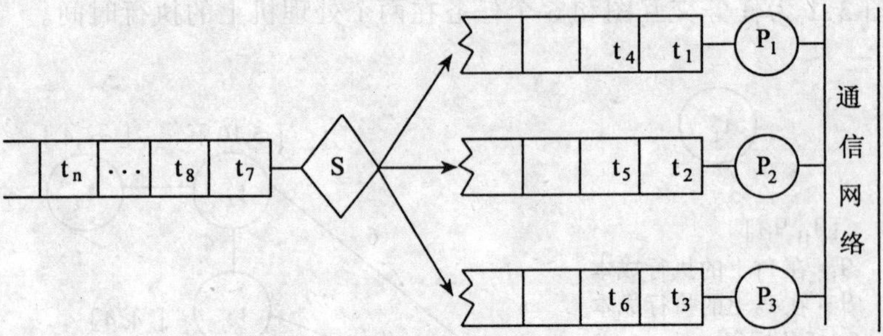

图 3.2 均衡负载分配策略

如果只注重减少 IPC 而不考虑系统的均衡负载,那么可将待处理的任务全部分配给同一处理机处理。显然,这种分配策略可使 IPC 降至最低,但对同一任务的处理时间却成倍地增加了。

不难看出,均衡负载和减少 IPC 是相互冲突的两个因素,它们左右着任务分配策略,影响着系统的性能。负载均衡可以提高整个系统的吞吐量,因为它试图将任务尽可能均等地分配给各处理机。但由于 IPC 的开销又迫使分配策略不得不尽可能把较多的任务分配给尽可能少的处理机。任务分配策略就是要设法摆平这两个因素，将任务分配给处理机，使整个系统的性能提至最高。

3.3 基于图论的分配算法

3.3.1 两个处理机上的优化分配

对于两个处理机的情况，Harold Stone 1977 年以著名的二分网络流量算法为基础提出了一个优化算法。该算法用到了二分网络(Two-Terminal Networks)中最小截概念[31]。

在二分网络图 G = (V, E)中，假定有两个特殊节点：V_S, V_T。V_S 为源节点，V_T 为接收节点。对每条边 e∈E，有一个权函数 W(e)。二分网络图中的截集 C 是一个边集，当去掉 C 中任意一条边时，图 G 将变成不连通图。

优化算法

这里的优化算法假定分配系统由两个处理机组成，这两个处理机并不要求相同。分配问题求解方法为：首先根据交互图中的任务之间的关系构造一个相应的二分网络图。网络图的构造方法为：二分网络图中每个截集与任务分配一一对应，每个截集的权与相应的分配成本对应。这样网络流量算法就可用于二分网络图，求得最小权值的截集也就确定了最优任务分配。

算法：

1. 按如下方法构造二分网络图：

增加源节点 S_1 和接收节点 S_2，分别表示处理机 P_1 和 P_2；

对于任务交互图中的每个节点 t，各增加从 t 到 S_1 和 S_2 的边。(t, S_1)的边权值为 t 在 P_1 上的执行成本。(t, S_2)的边权值为 t 在 P_2 上的执行成本。

2. 将最大流最小截算法用于二分网络图，求得最小截集 C。

从这个截集 C 求得任务分配的最优解，其分配方案为：某个任务分配到 P_i 当且仅当 t 和 S_i 属于同一个分片。

例 3.1 考虑图3.3所示的系统。为了构造一个二分网络图，先增加节点 S_1 和 S_2，然后对任务交互图 3.1 中的 6 个节点都增加一条到 S_1 和 S_2 的边，所增加的边权如图 3.3 所示。

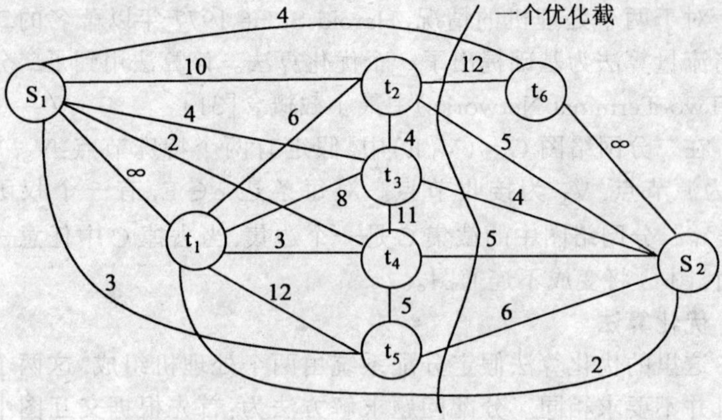

图 3.3 由任务交互图 3.1 构造的二分网络图

对于新构造的网络图的每个截集，都可以将节点分成两个子集，S_1 和 S_2 分别属于这两个不同的子集。显然每个分配与每个截集相关联。将 S_1 所在同一个分片的任务分配到 P_1，将 S_2 所在同一个分片的任务分配到 P_2，图中最小截集所对应的任务分配为：$t_1, t_2, \cdots, t_5$分配到 P_1，t_6 分配到 P_2。在这种分配之下，执行总成本为 $2+5+4+5+6+4=26$，通信成本为 12，它是 t_2 与 t_6 的通信成本。

3.3.2 多处理机之间的优化分配

类似于两个处理机之间的优化分配，还是用任务交互图来表示程序任务，现在是分布系统发生了变化，它由 m 个处理机组成。有 m－1 个连接将 P_i 与 P_{i+1} 相连（$1 \leqslant i \leqslant m$）。在这个结构之下，Stone 提出了如下使用最大流最小截方法的求解算法。首先还是根据任务交互图产生相应的二分网络图，这样的二分网络图的每个截集对应一个任务分配，截集的权值对应于分配的总成本。网络的最小截集对应于最优任务分配。

二分网络图最小截算法

1. 用如下方法构造二分网络图：

对任务交互图中的每个节点 t_i，构造 m－1 个节点，分别标记为 $V_{i1}, V_{i2}, \cdots, V_{i(m-1)}$，并增加一个源节点 V_S 和接收节点 V_T。

增加一条从 V_S 到 V_{i1} 的边，其权值为（$q_{i1}+W$）（W 是一个非常大的量）。

在节点 V_{ik} 到 V_{ik+1} 之间增加一条执行边，其权值为（$q_{i1}+W$）。（$1 \leqslant k < m$）。

在任何 V_{ik} 到 V_{jk} 之间增加一条通信边，其权值等于任务 t_i 到 t_j 的通信成本。

增加一条从 $V_{i(m-1)}$ 到 T_T 之间的一条执行边，其权值为（$q_{im}+W$）。

2. 将最大流最小截算法用于二分网络图，求得最小截集 C_{set}。

这个截集求得任务分配问题的最优解，其方案是 t_i 分配到处理机 P_{k+1} 当且仅当 C_{set} 包含边（$V_{ik}, V_{i(k+1)}$）。为了保证每个任务正好只分配到一个处理机上，对每个任务截集必须正好只包含一个执行边。

例 3.2 在这个例子中展示了如何从图3.4(a)所示的任务交互图来构造二分网络图。分布系统有三个线性排列的处理机，如图 3.4(b)所示。

图中每个任务旁边所示的向量指出该任务在每个处理机上

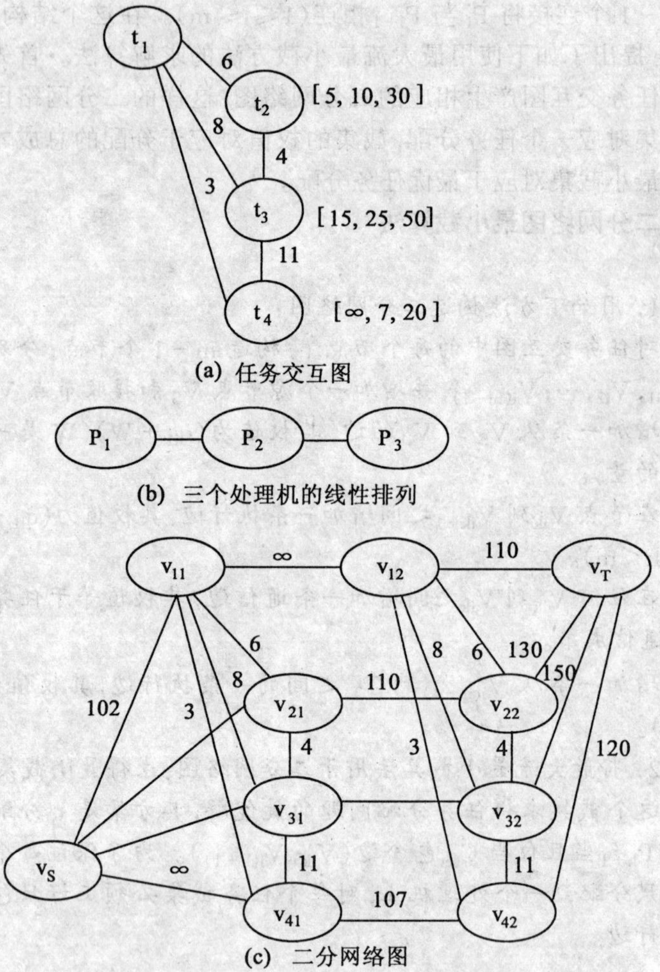

图 3.4 在线性排列的三个处理机系统上构造一个任务交互图的二分网络

的执行时间。例如，任务 t_2 在 P_1, P_2, P_3 上的执行时间分别为 5,

10, 30。如果两个任务不在同一个处理机上，则在它们之间的边上标出的是相应的通信成本。设与执行边上权值相联系的一个非常大的量 W = 100，则二分网络图的构造过程如下：

由于 m = 3，所以对任务交互图中每个节点 t_i 要增加两个节点 v_{i1}, v_{i2}，同时还要增加源节点 V_S 和接收节点 V_T。

需要增加执行边 $(V_S, v_{11}), (V_S, v_{21}), (V_S, v_{31}), (V_S, v_{41})$。其权值分别为 102, 105, 115 和 ∞。

需要增加执行边 $(v_{11}, v_{12}), (v_{21}, v_{22}), (v_{31}, v_{32}), (v_{41}, v_{42})$。其权值分别为 ∞, 110, 125 和 107。

需要增加执行边 $(v_{12}, V_T), (v_{22}, V_T), (v_{32}, V_T), (v_{42}, V_T)$。其权值分别为 110, 130, 150 和 120。

将原任务交互图中的通信边加到网络图中的有 $(v_{1j}, v_{2j}), (v_{1j}, v_{3j}), (v_{1j}, v_{4j}), (v_{2j}, v_{3j}), (v_{3j}, v_{4j})$，其权值分别为 6, 8, 3, 4 和 11。

按上述步骤构造出的网络图如图 3.4(c) 所示。

3.4　0-1 规划策略

这种策略的主要思想是把任务分配问题概括成一种优化问题，然后利用数学规划技术去解决它（J.A.Stankovic, 1985）。具体做法是：处理开销用下面定义的 Q 矩阵来表示：

$$Q = \{q_{i,k}\},\ i = 1, 2, \cdots, m;\ k = 1, 2, \cdots, n$$

其中 $q_{i,k}$ 表示任务 t_i 在处理机 P_k 上的处理开销，它是该任务处理要求的度量。若 $q_{i,j} = 0$，则表示任务 t_i 不能在处理机 P_j 上执行。为了表示任务到处理机的分配，定义分配矩阵 X 为：

$$x_{i,j} = \begin{cases} 1, \text{若任务 } t_i \text{ 分配给处理机 } P_k \text{ 处理} \\ 0, \text{若任务 } t_i \text{ 不能分配给处理机 } P_k \text{ 处理} \end{cases}$$

为了表示 IPC 开销，引进一个通信量矩阵 C 和一个距离矩阵 D，并用 C 与 D 之积来替代前面的单个 ITC 开销矩阵 C，利用通信量

矩阵

$$C=\{c_{i,j}\},\ i,j=1,2,\cdots,m$$

来定义 ITC,其中 $c_{i,j}$表示从任务 t_i 向任务 t_j 发送的数据通信量,若 $c_{i,j}=0$,则表示任务 t_i 和 t_j 之间无数据交换。

以图 3.2 所示的分布式系统为例,在这组处理机上定义的距离矩阵 D 为

$$D=\{d_{k,h}\},\ k,h=1,2,\cdots,n$$

其中,n 为处理机的个数;距离 $d_{k,h}$是处理机 P_k 和 P_h 之间通信开销的一种度量。若 P_k 和 P_h 之间毫无联系,则令 $d_{k,h}=\infty$。我们可用这种距离度量来表示网络中处理机的互连状况。如果 $d_{k,h}$之值非 0,则它表示同驻任务之间的通信开销。假定每对处理机间的距离是知道的而且是固定的。

这种分配策略的目标函数 T 现在可定义为

$$T(x)=\sum_k\sum_i\{q_{i,k}x_{i,k}+\sum_{h<k}\sum_{j<i}wc_{i,j}d_{k,h}x_{i,k}x_{j,h} \qquad (3.1)$$

其中,第一项表示每个任务在它所分配的处理机上的处理开销;第二项则是对用于表示 IPC 开销的"通信量-距离"元素之积求和;常数 w 用于调节处理开销和 IPC 开销,以补偿度量单位上的差异。任务的均衡分配是通过施加若干限制来实现的。我们主要考虑存储容量、处理机速度以及处理时间的实时要求等方面的限制。由于处理机速度已反映在处理开销矩阵 Q 中,因此,我们只讨论其他两方面的限制。

存储容量方面的限制可表示为

$$\sum s_ix_{i,k}\leqslant R_k,\ k=1,\cdots,n \qquad (3.2)$$

其中 s_i 为任务 t_i 所需要的存储容量,R_k 代表处理机 P_k 的存储能力。(3.2)式说明:分配给某个处理机的全部任务所需要的实际存储量的总和不能超过该处理机的存储能力。

实时限制则由下式表示:

$$\sum u_ix_{i,k}\leqslant RT_k,\ k=1,\cdots,n \qquad (3.3)$$

其中,u_i 表示任务 t_i 所需要占用处理机的时间,RT_k 代表位于处理机 P_k 上全部任务所需要的时间限额(对于给定任务而言)。(3.3)式表明:处理分配给某一处理机上全部任务所需要的时间总量不得超过该处理机所规定的实时限制。

在条件(3.2)和(3.3)的限制下,通过对(3.1)式极小化,我们就可以对任何给定的系统执行任务分配。这可以作为一个非线性的 0-1 整数规划问题来求解。这种非线性的 0-1 方程式可以通过添加进一步的条件而线性化,从而简化整个求解过程。当然,还可以采用其他求解方法,例如,采用近似求解法等。

这种分配策略对任务分配环境提供了一种较好的表示方法,它也比较灵活,因为它能适当地表示出某些限制条件。在基于图论的分配策略中实现这一点是不可能的。但它也存在以下不足:

第一,它难以表示在实时条件限制下当前系统状态的作用;

第二,它也难以表示任务间数据流中优先关系的影响。因为这两种因素用一种复杂的方式将排队延迟引入了系统,所以对此需要进一步的研究。

基于这方面的考虑,实时限制应变形为

$$\sum f(u_i x_{i,k}, p_{i,j}) \leqslant RT_k, k = 1, 2, \cdots, n;\ i, j = 1, 2, \cdots, m$$

其中 $p_{i,j}$表示任务 t_i 和 t_j 之间的优先关系,函数 f_i 则表示处理机时间,包括在处理机 P_k 上处理任务 t_i 的排队延时。

3.5 “合一-阈值”启发式分配算法

假定所依赖的分布式系统由多个同构的处理机经网络连接而成,其中的每个处理机都具有同等的处理能力。位于不同处理机的任务相互交换信息是通过它们所在的处理机彼此间的通信实现的。因为是讨论任务分配,所以我们忽略任务间的优先关系。

所谓“合一”是指根据一定条件,将两个任务分配到同一处理机上。这里的“阈值”是指处理机所能接收并处理的最大任务数。

“合一-阈值”算法是一种分阶段进行任务分配的算法。第一阶段为“合一”阶段，即对用户提交的一组任务进行合一处理，具体过程为：先查找其中这样一对任务，即把它们合一后将消除最大的 ITC 开销。然后检查经这种合一处理后，相应的处理机是否满足实时和(或)存储方面的要求。若满足，则认为此次合一成功。否则，选择下一对具有最大 ITC 开销的任务，重复前面的过程，直至完成一次成功的合一，再将合一后的任务对用任务族的形式表示，以准备参加下一轮迭代。继续这个过程直至所有合适的任务对全部分配完毕或剩下的任务不能按此方式分配为止。最后将剩下的任务分配到同一处理机上。

第二阶段为“调整”阶段。它在第一阶段工作的基础上，根据各处理机上规定的阈值，对各处理机上的实际负载作必要的调整，即查看各处理机上的块数是否超越预定的阈值。若均未超过，则本阶段工作结束，该算法终止。否则，将那些超过阈值的处理机上的任务迁移到尚未超过阈值的处理机上。

下面仅从算法的时空复杂性及算法的输出与最优解的差距等方面来简单地分析该算法。为此，假定有 n 个任务等待分配给 m 个同构的处理机。我们可用一个矩阵表示 ITC 开销，由对称性知，存储这方面的数据只需 $n(n-1)/2$ 个单元。当完成了一次成功的合一后，修改相关任务的 ITC 开销后的信息用另一矩阵存放，这也只需 $n(n-1)/2$ 个单元，不难看出，合一过程采用的是一种局部“贪心”策略，即每次查找一对这样的任务，它们经合一后不仅消除最大的 ITC 开销，而且相应的处理机应满足实时和(或)存储要求。若令 $T(n)$ 为合一过程最坏情况下的时间复杂性，则不难得到下面的递推式：

$T(n)$ = 查找具有最大 ITC 开销任务对的时间 + 修改其他任务对的 ITC 开销的时间 + $T(n-1)$

显然 $T(n)\approx O(n^3)$。

若经合一处理后剩下的任务数大于 m，则认为合一失败(此时，不必进入“调整”阶段)。为此，可假定经合一处理后的任务数小于等于 m。“调整”阶段是“合一”阶段的继续。在调整过程中，可用数组 $T_v[1..m]$存放处理机的阈值，用 Load[1..m]存放各处理机上的实际负载。在合一过程中，由于一对任务合一后引起相关任务对的 ITC 发生变更，因此，在执行调整过程中，很难知道分离出哪个任务(或任务族)可使得处理开销最小，故此时采用随机策略。在此，不妨把调整过程进一步描述为：

1. 计算各处理机的实际负载与其阈值之差 D_i, $i=1,2,\cdots,m$;

2. 按 D_i 的不增次序对各处理机排序，并用 $j(1,2,\cdots,m)$表示经排序后位于序号 j 处的处理机；

3. 对于 $j=1,2,\cdots,m-1$ 执行下面的操作：

若处理机 j 的 D_i 大于 0，则用随机方法从处理机 j 上选定一任务(或任务族)并把它迁移到处理机 j+1 上。重复此过程，直至处理机 j 的 D_j 不大于 0。必要时，可对任务族进行分解。

若处理机 j 的 D_j 不大于 0，则不做任何迁移工作。

4. 若处理机 m 的 D_m 大于 0，则报告“失败”，否则调整成功。

不难推出，调整过程的时间复杂性约为$O(m^2)$。

从以上分析可以看出，由于“合一”过程采用的是局部“贪心”策略，因此，不一定能实现最优分配。而“调整”过程采用随机方法选定迁移的任务，从而带有一定的盲目性，但是成功的合一处理可以减少系统中处理机间的通信开销，而成功的“高速”过程又尽可能使各处理机的负载达到基本平衡，有利于提高系统的吞吐量，而且该算法具有较低的时空复杂性，实现过程也比较机械、简单，因此，仍不失为一种可行的方法。

该启发式算法以次优解为目标，其基本思想是先选择具有最大通信开销的一对任务,若有一处理机能按一定的实时限制和存储限制处理这对任务,则将它们合一(形成任务族,以准备进入下一轮迭代);否则选择下一对具有最大通信量的任务,重复上述过程直至再无可合一的任务对,则迭代过程结束,并将同一任务族中的任务指派给同一处理机。这种算法的特点是执行开销小,其最坏情况下时间复杂度为 $O(m^2\log_2 m)$。由于 m 个任务分配到 n 个处理机上有 n^m 种分配方案,最优解通常是很难获得的,但当不要求最优分配或不可能实现最优分配时,这种方法还是很有吸引力的,其不足之处在于:

1. 若合一过程结束后,任务族的数目仍大于处理机的数目(设为 n+k),显然应把这 k 个多余的任务族分配给各处理机,必要时,可能还得对任务族进行分解,但该算法并未考虑这一点;

2. 它未考虑任务间互斥以及处理机性能的可能不同等情况,因此,可能难以满足某些分配问题的需要;

3. 该算法开销中的很大一部分用来寻找通信量最大的任务对。

Efe 提出的启发式算法含两个阶段:合一和调整。基本思想是先对任务进行合一,然后,若发现处理机间负载不平衡,则改变相应参数后重新进行合一。它以任务为节点,以通信量为边,将任务分配问题表示成一个 process 图。

Efe 指出某些任务仅能分配给某一个或某几个处理机,这类任务称为附属任务,合一过程此时改为按附属任务形成族。然后,先把包含仅能分配给某个处理机的任务的任务族分配给该处理机,再分配包含其他附属任务的任务族,最后分配不包括附属任务的任务族,每次分配都以使系统负载最平衡为目标,如可使用 best-fit 方法。任务分配完后,检查负载是否平衡,若平衡,则算法停止;否则进入调整阶段。在调整阶段,先根据各处理机的负载状况,标记各处理机为平衡、过载、轻载;将已分配给平衡处理机的任务从原 process 图中去掉;照抄分配给过载处理机的所有任务;用

一个节点代表分配给轻载处理机的任务，并用原来所有到该节点相关任务的边的权之和作为到该节点的边的权；然后，对每个过载处理机执行下面的动作；寻找分配给过载处理机 P_k 的任务族到分配给轻载处理机 P_m 的边，设这样的边的个数为 $n_{k,m}$，在每条这样的边的权上增加 $|L_k - L_m|/n_{k,m}$，其中 L_i 为 P_i 上的负载。对这个新形成的 process 图重新执行合一过程。

显然，这种方法通过把因某种分配方案引起的负载不平衡方面的开销"转移"到通信开销上并进行重新合一，来试图得到更合理的分配方案，因此，它同时兼顾了减少通信开销和均衡负载这两个因素。

这个算法还存在以下需要改进之处：

- 在合一阶段考虑了对附属任务的处理方法，但在调整阶段，并未考虑附属任务的特殊性；
- 应扩充，以允许加入多种限制条件。

3.6 改进的启发式算法

设有 m 个任务 $T=\{t_1, t_2, \cdots, t_m\}$，系统中有 n 个可利用的处理机 $P=\{P_1, P_2, \cdots, P_n\}$，一般情况下，$m>n$。为了实现本算法，需要用到几个矩阵：

- 任务间通信开销矩阵 $C_{m\times m}$：

$C_{m\times m}=\{c_{i,j} | 1\leqslant i\leqslant m, 1\leqslant j\leqslant m, c_{i,j}$ 为 t_i 与 t_j 之间的通信开销$\}$

- 任务执行开销矩阵 $Q_{m\times n}$：

$Q_{m\times n}=\{q_{i,j} | 1\leqslant i\leqslant m, 1\leqslant j\leqslant n, q_{i,j}$ 为 t_i 与 P_j 上的执行开销$\}$

- 对于任务优先矩阵 $A_{m\times n}$：

$a_{i,j}=1$ 表示 t_i 不能分配给 P_j，否则 $a_{i,j}=0$

- 对于任务互斥矩阵 $E_{m\times m}$：

$e_{i,j}=1$ 表示 t_i 和 t_j 不能分配给同一处理机，否则 $e_{i,j}=0$

- 对于任务分配矩阵 $X_{m\times n}$：

$x_{i,k}=1$ 表示 t_i 已分配给 P_k，否则 $x_{i,k}=0$。

在描述本算法之前，先作如下假定：

- 若两任务被分配到同一处理机，将忽略它们之间的通信开销；
- 为便于分析问题，将处理机 P_k 上的负载 L_k 设为

$$L_k = w \cdot \sum_{i=1}^{m} q_{i,k} \cdot x_{i,k},$$

其中常数 w 用以调整执行开销与通信开销在数量上的差异。

在算法执行过程中，还用到以下两个概念：

1. 任务的合一：任务的合一是指用一个新任务代替将要被合一的几个任务，把被合一的各任务执行开销之和作为新任务的执行开销，新任务内部将不再存在通信开销，其他任一任务 t_i 若与被合一任务中任一任务互斥，则视为 t_i 与新任务互斥，可以看出，合一后，处理机数目仍为 n，但总的任务数目将减少。在下面的算法描述中，将会看到，合一过程实际上是压缩矩阵 A, C, E, Q, X，并调整它们的元素值。

2. process 图：process 图是以任务为节点，通信量为边之权的图，若两任务互斥，则它们所在节点之间不存在边。

该算法的输入为：

- 矩阵 $C_{m\times m}$，$Q_{m\times n}$，$A_{m\times n}$，$E_{m\times m}$；
- 每台处理机的实时限制 R_k 和存储限制 S_k。

本算法分四个阶段描述如下：

第一阶段

(1) for k=1 to n do:（将只能指派给 P_k 的任务分配给 P_k，这可以由在优先矩阵 A 中查找所有满足 $a_{i,k}=0$ 及 $a_{j,k}=0$($j=1, 2, \cdots, m, i\neq j$)的任务 t_i 得到，将这些任务标记为附属任务，并将同一处理机上的所有附属任务合一，把合一后的新任务称为该处理机的附属任务族。合一后，矩阵 A 的行和矩阵 E 的行和列将减

少，记为 $A_{m'\times n}$ 和 $E_{m'\times m'}$，执行开销矩阵和通信开销矩阵也将被压缩成 $Q_{m'\times n}$ 及 $C_{m'\times m'}$，且上述四矩阵的元素值也要作相应改变。此处之所以对附属任务合一，主要是出于下面两个因素的考虑：

● 合一后，任务数目减少，后面阶段的执行时间减少；

● 合一后，可以从整体而不是局部来寻找与之具有最大通信量的任务，如图 3.5 所示(process 图)，t_1, t_2, t_3 是处理机 P_i 的附属任务，现在需要在 t_4 和 t_5 中选一个与它们有最大通信量的任务分配到 P_1 上。若不合一，则会选中 t_5，因为 t_5 与附属任务中 t_3 通信量最大；如图 3.6 所示，合一后就会发现，t_4 与这些附属任务的通信量更大。

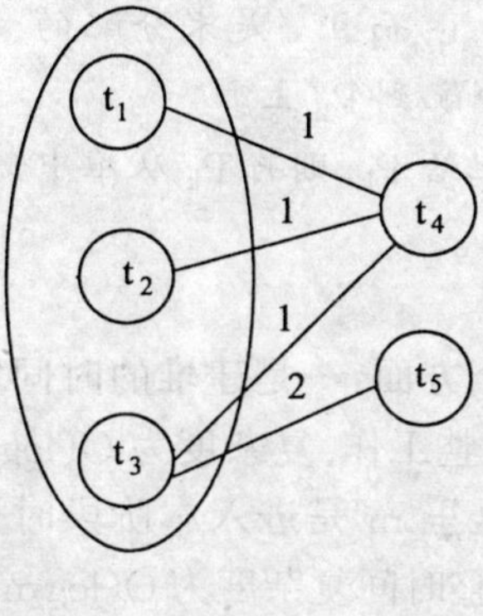

图 3.5　process 图

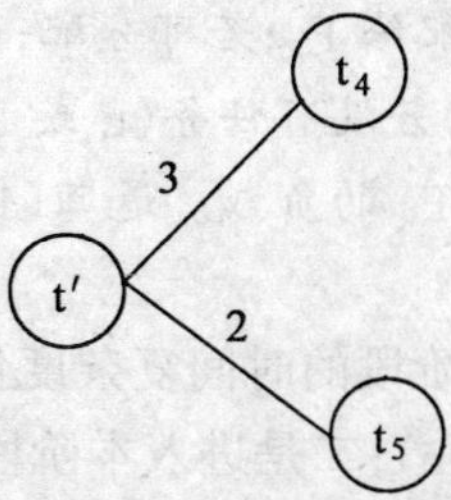

图 3.6　合一后的通信量

(2)对通信开销矩阵 $C_{m'\times m'}$ 的每一行进行排序，以便在以后的阶段中顺利地查找与某个任务具有最大通信量的任务。

第二阶段

(1)根据处理机现有负载建堆或调整堆，堆顶为负载最轻的处理机 P_k。若堆不空，则选 P_k，否则第二阶段结束。此处若是建堆，

则时间复杂度为 $O(n\log_2 n)$；若是调整堆，则时间复杂度为 $O(\log_2 n)$。

(2)若所有任务已分配完，则第一阶段结束；否则若 P_k 带有附属任务族，则在未分配的任务中任选一个记为 t'；或者，选择 P_k 的附属任务族，也记为 t'。

(3)寻找与 t' 有最大通信量的未分配任务 t_j，若 t_i 加入后仍然满足以下条件：

- 实时限制 R_k 和存储限制 S_k；
- $a_{j,k}=0$，即 t_j 能分配到 P_k 上；
- t_j 不与任何分配给 P_k 的任务互斥。

则将 t_j 分配到 P_k 上，否则取下一个与 t' 有最大通信量的未分配任务 t_j，重复(3)。若无法找到这样的 t_j，而且 t' 是未分配的，则将 t' 尝试分配给 P_k；若可分配，则将 t' 分配到 P_k 上。

(4)若没有任务(t_j 或 t')能分配给 P_k，则将 P_k 从堆中删去；否则修改 P_k 的负载。返回(1)调整堆。

本阶段的时间复杂度包括三个方面：一是建堆的时间复杂度 $O(n\log_2 n)$；二是进入本阶段做堆调整工作，复杂度为 $O(\log_2 n)$；再就是本阶段最多要做 m'' 次循环，这里 m'' 是进入本阶段时尚未分配的任务数目。每次循环中，堆调整时间复杂度为 $O(\log_2 n)$，查找具有最大通信量的 t_j 时间复杂度不超过 $O(m'')$，因此，本阶段时间复杂度不超过 $O(n\log_2 n)+O(m''\cdot\log_2 n)+O(m''\cdot m'')$。考虑到实际应用中，$m\geqslant m'\geqslant m''$($m'$ 为附属任务合一后的所有任务数目)且 $m>n$，所以 $m\geqslant\log_2 n$。因此可近似地认为本阶段的时间复杂度为 $O(m^2)$。

第三阶段

若第二阶段结束时所有任务已分配完，则直接进入第四阶段；否则，说明剩余任务由于任务互斥条件和优先关系的限制以及实时和存储限制，不能分配给任一处理机。在此，逐个检查这些任务，设当前的一个为 t_i，并设 t_i 的一个优先任务 t_j 已分配到 P_k 上，则从 P_k 中取出 t_j，而将 t_i 分配给 P_k，并寻找可接收 t_j 的处理机(这种方法在实际情况中可能很有效)。

注意，当任务互斥关系和优先关系比较稀疏时，不会出现这种情况，但这种情况的出现会影响算法的效率。

第四阶段

(1)计算处理机 $P_k(k=1,2,\cdots,n)$ 的负载 L_k 和 $\overline{L}=\frac{1}{n}\cdot\sum_{i=1}^{n}L_i$，用 $r_k=L_i/\overline{L}$ 表示处理机 P_k 的负载状况，选择一个适当的常数 d，并定义：

若 $1-d\leqslant r_k\leqslant 1+d$，标记 P_k 为平衡；

若 $r_k<1-d$，标记 P_k 为轻载；

若 $r_k>1+d$，标记 P_k 为过载。

(2)去掉分配给平衡处理机的任务，照抄过载处理机上的任务，将轻载处理机上的任务合一成一个任务族。在对相应的 process 图的处理上，用所有到其中原有任务的边的权之和代替到该新任务族的边的权；去掉在过载处理机上附属任务族到轻载处理机任务的边；去掉过载处理机上与轻载处理机中某个任务互斥的任务到该轻载处理机任务的边。

(3)按 Efe 的方法修改边上的权，即在从过载处理机 P_k 上的任务到轻载处理机 P_m 上的任务的边的权上加上 $|L_k-L_m|n_{k,m}$，这里 $n_{k,m}$ 是从已分配给过载处理机 P_k 的任务族到已分配给轻载处理机 P_m 的任务族的边的个数。

对步骤(2)和(3)，可用 process 图举例如下：设有 3 台处理机和 8 个任务，如图 3.7 所示，t_1，t_2 被分配给 P_1 后已平衡；t_3，t_4 分

配给 P_2 后为轻载；t_5,t_6,t_7,t_8 分配给 P_3 后为过载。其中 t_5 是 P_3 的附属任务，t_4 与 t_6 互斥。对图 3.7 修改时，先将 t_1 和 t_2 从图中去掉，然后将 t_3 和 t_4 合一成 t'，最后去掉 t_5 与 t' 以及 t_6 与 t' 的边，即得到图 3.8。此时 $n_{3,2}=2$，即从 t_7 到 t' 和从 t_8 到 t' 的 2 条边，在其权 11 和 8 上分别加上 $|L_3-L_2|/2$。

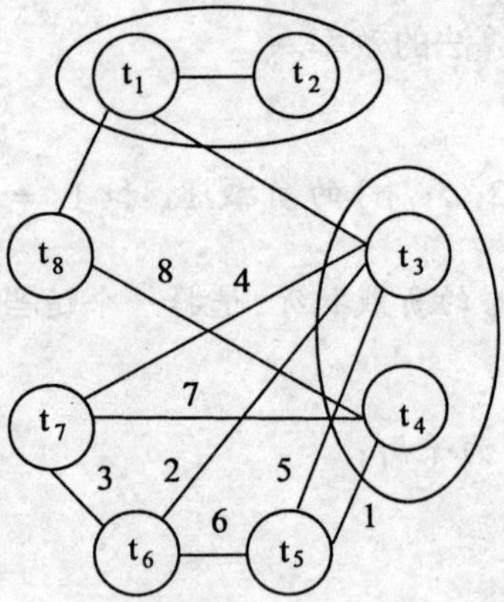

图 3.7 有 3 台处理机和 8 个任务的 process 图

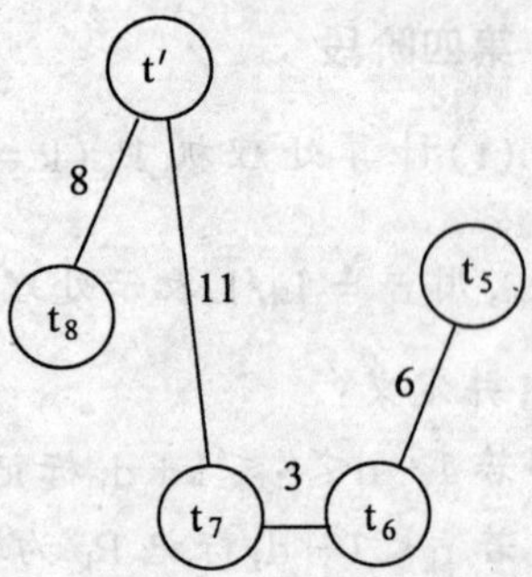

图 3.8 修改后的 process 图

(4)在 A, C, E, Q 四矩阵中去掉已分配给平衡处理机的任务，并对 C 中每一行重新排序(可以利用以前的排序结果)。

(5)从第二阶段(1)开始重建堆，重新进行分配，此时已不再包括平衡处理机及其上的任务。若此次分配未引起负载的任何变化，则算法终止。

此阶段主要是对 process 图进行操作和对相应矩阵进行调整。时间复杂度不超过 $O(m^2)$，而对矩阵进行重新排序时，由于已删除了分配给平衡处理机的任务，合一了轻载处理机上的任务，且排序是在原来已排序基础上的插入排序，所以排序时间相对于

$O(m^2)$可忽略，因此本阶段时间复杂度为$O(m^2)$。

与 Efe 算法相比，本算法有如下特点：

- 算法引入了任务间互斥的限制以及任务不能分配到某处理机的限制，因而更符合实际情况；
- 本算法总是把合一后的一对任务分配到负载最轻的处理机，第一阶段结束时负载平衡性更好，重新调整的次数也会减少；
- 本算法每次调整的时间复杂度约为$2O(m^2)$。

3.7 基于遗传算法和模拟退火算法的任务分配策略

3.7.1 遗传算法(Genetic Algorithm)

遗传算法最早是由美国 Michigan 大学的 Holland 提出的。这种算法是模拟达尔文的进化论创建的，它模拟生物遗传进化的过程，引入了选择、复制、交叉重组和变异等方法，并将进化论中的“物竞天择，适者生存”的概念引入到算法中，因此被命名为“Genetic”。

该算法实际上是一个迭代过程：即产生，选择优良个体，基因重组(变异)，再产生，再选择，再重组，……，其基本步骤如下：

1. 对参数集合进行编码：编码的主要目的是为了随机地产生一组候选变量。可以根据各种形式进行编码，但多采用二进制形式，即用一定位数的0,1串构成一条基因链，表示个体变量。

2. 选择：在随机产生的变量集中进行选择，根据变量集中每个个体变量的目标函数的值或一定概率值进行选择和淘汰，利用其中的优良个体进行繁殖。因此，在遗传算法中，其优良个性可以一直保持下去。

3. 交叉和变异：交叉和变异是在不同个体变量之间互换一部分代码，也叫基因重组。经过重新组合后，产生下一代新个体，这个过程与生物的有性繁殖类似。在交叉重组的过程中要避免基因代码差异较小的个体进行交叉，防止“近亲结合”，产生不良个体。变异则是从个体变量集中以较小的概率选取一些个体，部分地改变它们的基因代码，以防止某些个体处于不变状态而失去一些有用的基因。在二进制编码中的实现方法通常是将基因链中的某些位取反，而得到新的编码。

由于遗传算法模拟了自然界的遗传过程，从而使得该算法贴近自然，贴近现实，所以在解决某些领域的疑难问题时有独到的优势，因此得到了广泛的应用。其范围不仅限于自然科学，也延伸到社会科学的某些领域，所以这一算法堪称边缘科学研究成果的典范。

3.7.2　模拟退火算法(Simulated Annealing)

模拟退火算法最早见于 IBM 托马斯·J·沃森研究中心的 S. Kirkpatrick 等人的文章。他们在对组合优化进行研究后，根据迭代改进的思想提出了“模拟退火算法”，这个算法的基本思想如下：

该算法的研究对象是由一个参数集所确定的某种配置。为了便于问题的分析，需要设计一个基于该配置的目标函数 cost，于是对配置的优化过程就转化为对 cost 的极小化过程。cost 的极小化过程模拟自然界的退火过程，由一个逐步冷却温度 temp 来控制。对每一个温度值，尝试一定的步骤。在每一个极小化步骤中，随机选择一个新的配置并计算 cost 函数。这时，如果 cost 小于以前的 cost，则选定新的配置方案；如果 cost 大于以前的 cost，则计算概率值：$prob = \exp\left\{-\frac{\Delta cost}{k \cdot temp}\right\}$，这里 k 是玻尔兹曼常数。然后在(0,1)

上产生随机数 rand，如果 rand $\leqslant$ prob，则选择新的配置方案，如果 rand $>$ prob，仍保留原方案。重复这些步骤，直到系统冷却不再产生更好的配置为止。在执行过程中，为克服因强调局部优化而忽视全局优化的倾向，在极小化过程中允许使用“静态爬山”取代严格单调递减的抛物线方法。

由上可知，模拟退火算法至少需要四个因素：

- 某个系统配置的准确描述；
- 重新分配的随机产生器；
- 一个定量的包含多种因素折中的目标函数；
- 一个冷却机制 $temp_{i+1}=\alpha\cdot temp_i$，$\alpha$ 称为收敛率，$0<\alpha<1$。

在对上述四个因素进行适当设计之后，就可以将之应用于实际。

3.7.3　基于遗传算法和模拟退火算法的任务分配算法

在基本了解了遗传算法和模拟退火算法的机理之后，就可以将它们的思想应用到分布式系统的设计中，从而形成新的任务分配算法。这里给出的任务分配算法只是借鉴了以上两种算法的思想，在步骤和内容上都有所不同。

1. 算法说明

设有一个由 n 个处理机 $P=\{P_1,P_2,\cdots,P_n\}$(可以是不同的处理机)组成的分布式系统，需要执行 m 个任务 $T=\{t_1,t_2,\cdots,t_m\}$，一般 $n<m$。为了便于分析问题，可以建立下述五元组。

$$\sum=(T,<,Q,C,X)$$

其中

$T=\{t_1,t_2,\cdots,t_m\}$是任务的集合；

“$<$”是 T 上的任务优先关系，$t_i<t_j(1\leqslant i\leqslant m,1\leqslant j\leqslant m)$表示任务 t_i 必须在任务 t_j 执行之前完成；

Q 是一个 $m\times n$ 矩阵，其元素 $q_{i,j}$ 表示任务 t_i 在处理机 P_j 上的执行时间(假设每个任务的运行时间预知)；

C 是一个 m×m 矩阵，$c_{i,j}$表示任务 t_i 与 t_j 之间的通信开销；

X 是一个 m×n 的任务分配矩阵，其中 $x_{i,j}=1$ 表示 t_i 分配到处理机 P_j 上执行，否则 $x_{i,j}=0$。

为了实现选择，还必须设计一个目标函数 cost。cost 是一个包含多种因素折中的函数，它应能体现出设计者对系统性能的要求，例如可以采取下述方法：

$$\text{cost} = \sum_{i=1}^{m}\sum_{k=1}^{n}\{q_{i,k}\cdot x_{i,k} + w\cdot\sum_{r=1}^{k-1}\sum_{j=1}^{i-1}\{c_{k,r}\cdot x_{i,k}\cdot x_{j,r}\}$$

其中常数 w 用来调节通信开销和执行开销之间的差异。在实际设计过程中，还可以选取不同的 w 的值或其他目标函数。

2. 算法描述及简单分析

第一阶段：初始化

(1)随机产生一个任务分配矩阵集：先设定一个全零的任务分配矩阵 X，然后在 X 中的每一行由系统随机选定一个元素为 1，如表 3-1 所示，在有 3 个处理机和 7 个任务的情况下，t_1，t_2，t_3 被分配给 P_1；t_4，t_5 被分配给 P_2；t_6，t_7 被分配给 P_3。用同样的方法可产生多个任务分配矩阵。

表 3-1 **任务分配矩阵**

任务/处理机	P_1	P_2	P_3
t_1	1	0	0
t_2	1	0	0
t_3	1	0	0
t_4	0	1	0
t_5	0	1	0
t_6	0	0	1
t_7	0	0	1

(2)描述和确定初始任务分配集：对一个给定的任务分配方案，可用一个数据结构TA来描述：

$$TA=\{S, R[1..n]\}$$

其中S是一个$[\log_2 n]\times m$位的二进制串，每$[\log_2 n]$位称为一节，从左至右到i节表示任务t_i所在的处理机情况，这样表3-1中的任务分配矩阵可以表示为S=00 00 01 01 10 10。因为有3个处理机，所以两位为一节，00，01，10分别表示任务被分配到P_1，P_2，P_3上执行，11是无效编码。

R是一个n元链表数组，R[i]表示处理机P_i上的任务执行顺序为t_6，t_7。R表示为：

R[1]:1→2→3　　R[2]:4→5　　R[3]:6→7

R[1]:1→3→2　　R[2]:4→5　　R[3]:6→7

R[1]:3→1→2　　R[2]:4→5　　R[3]:6→7

由于分配到同一处理机上的任务之间有多种排列，所以从一个任务分配矩阵可产生多种方案。在这些方案中，有一些是违背“$<$”优先关系的，称为无效分配方案，否则，称为有效分配方案。上面列出的就是三种有效分配方案。从每一个任务分配矩阵所产生的分配方案中各选取一种或几种有效分配方案，便形成初始任务分配方案集。

(3)设置模拟退火算法中的初始温度$temp_0$和收敛率α：温度$temp_{i+1}=\alpha\cdot temp_i$逐步降低，这里$0<\alpha<1$。下标i既表示第i次迭代，也表示遗传算法中的第i代个体。实验表明，在任务数较多的情况下，选取$temp_0=1\ 000$，$temp_\infty=1$，$\alpha=0.9$，可取得较好效果。

第二阶段：循环

直到temp=1或者连续多代未产生更好的分配方案为止。在循环过程中若落入局部最优的“陷阱”时，要采用静态爬山方法。

(1)交叉繁殖:从整个任务分配方案集中以一定的百分比随机选择出一个供交叉的子集,利用它们进行交叉繁殖。具体实现方法是对前述 TA.S 中某些节进行重组,以 2 个处理机和 5 个任务为例,设有两个父代分配方案 TA_1 和 TA_2,其中

$TA_1.S = \underline{0}\,\underline{0}\,\underline{0}\,\underline{1}\,\underline{1}$　$TA_1.R[1]:1\rightarrow2\rightarrow3$　$TA_1.R[2]:4\rightarrow5$

$TA_2.S = \underline{0}\,\underline{1}\,\underline{0}\,\underline{0}\,\underline{1}$　$TA_1.R[1]:1\rightarrow3\rightarrow4$　$TA_1.R[2]:2\rightarrow5$

在 $TA_1.S$ 中随机选定几节替换到 $TA_2.S$ 中就形成了一个新的二进制串 S′,假如选定 $TA_1.S$ 中的第 1、第 4、第 5 节(从左到右),替换后为 $S' = \underline{0}\,\underline{1}\,\underline{0}\,\underline{1}\,\underline{1}$,其意义为:将 t_1, t_3 分配到 P_1,将 t_2, t_4, t_5 分配到 P_2。同时,为保持数组 R 的一致性,从 $TA_1.R[1]$ 中删除任务 t_2,并插入到 $TA_1.R[2]$ 中,这时有三种插入位置,对应三种分配方案,从中选取一种或几种有效分配方案,就得到下一代的一组分配方案。

(2)变异:除了交叉之外,还要对任务分配方案集以某个较小的比例,选出一个子集进行变异。变异的方式有多种,可以是对 TA.S 中的某些节求反,也可以是互换一方案集中几个处理的任务,还可以是其他方式。由于变异不会造成个体数量变化,所以每次变异后对一种原方案只保留一种有效变异方案。

(3)复制:对没有交叉和变异的方案,直接加入到新的任务分配方案集中。

(4)选择:交叉和变异产生的方案称为新方案。计算新方案的目标函数 cost,并令

$$\Delta cost = cost_{新方案} - cost_{原方案}$$

这时会出现两种情况:

● $\Delta cost < 0$　表明新方案优于原方案,将新方案加入到新任务分配方案集中。

● $\Delta cost \geqslant 0$　表明原方案优于新方案,此时计算概率值:prob $= \exp\left\{-\dfrac{\Delta cost}{k \cdot temp}\right\}$,这里 k 是玻尔兹曼常数,temp 是当前温度。

由系统产生一个(0,1)上的随机数 rand,如果 prob＞rand,则将新方案加入到新任务分配方案集中;如果 prob≤rand,则放弃新方案,仍保留原方案。

我们可以对 prob 算式作一个简单分析:k 是常数,在一定温度下进行方案选择时,temp 也可看做常数,所以此时 prob 只与 Δcost 有关,而且随 Δcost 递增而递减。Δcost 越小,表明新方案虽次于原方案,但接近原方案,因而是较“好”的方案,而此时 prob 也就越大,prob＞rand 成立的可能性也越大,越容易被接受。反之同理。

可以看出,选择过程选取了两种新方案:一是优于原方案的新方案;二是虽次于原方案,但目标函数比较接近原方案的新方案,从而使新方案的整体水平优于原方案集。

3.8 小 结

任务分配是属于较为简单的调度问题。在一个分布系统中,当有若干任务到达或产生时,不需要强调任务在分布系统上的执行次序,要决定它在哪个处理机上运行,这就是分配问题。

本章介绍了分布式系统中的几种任务分配策略,这些策略的目标是设法减少系统中各处理机间的通信开销和运行任务所需的开销,以此来提高整个系统的性能。

第四章 启发式表调度算法

前面的任务分配算法较少考虑任务间的时序关系，而这样的任务集在并行计算中是经常出现的。因此，本章将较详细地讨论基于有向无环图(DAG)的表调度基本技术，并在分析若干启发式表调度算法的基础上，提出改进算法，这些方法将作为后续静态和动态混合调度方法和AND/OR优先约束关系调度的基础，并融入到相应的算法之中。

4.1 表调度的基本方法

绝大多数静态调度算法采用的是基于表调度(List Schedule)的技术[35][58]。它的基本思想是：构造一个由一序列任务节点组成的调度表，赋给每个表项相应的一个优先级并将表项按优先级从高到低排列，然后反复执行下述步骤直到所有的节点调度完毕为止：

(1)从调度表中取出第一个节点；

(2)将这个节点分配到某个能够最早执行的处理机上。

在传统的调度算法中，在节点分配之前，调度表是静态构造的，其特点是节点在表中的顺序并不改变。近来提出的许多算法为基于动态表的调度算法，与传统的算法相比，新的算法在每次分配之后，要对未调度的节点重新计算其优先级，然后再用这些优先级在调度表中重新排列节点的顺序。这些算法主要采用下述三个步骤[60][84]：

(1)确定未调度节点新的优先级；
(2)选择优先级最高的节点进行调度；
(3)将这个节点分配到最早可以执行的处理机上。

采用这三个步骤的算法一般都能产生较好的调度，然而这种动态的方法则会增加调度算法的时间复杂性。

有许多方法用来确定节点的优先级，例如：HLF(Highest Level First)，LP(Longest Path)，LPT(Longest Processing Time)和 CP(Critical Path)方法[20][23][31]。

两个通常用来确定优先级的属性是 t-level(Top Level)和 b-level(Bottom Level)。

一个节点的 t-level 属性是指从入口节点到 t_i(包括 t_i)的最长路径的长度。这里的路径长度是指这个路径上所有节点和边的权之和。节点 t_i 的 t-level 属性与 t_i 的最早开始时间密切相关。最早开始时间用 EST(t_i)表示，它可以在 t_i 被调度到某个处理机之后确定下来。

一个节点的 b-level 属性是指从 t_i 到出口节点的最长路径的长度。一个节点的 b-level 不会超过 DAG 的关键路径的长度。关键路径是一个 DAG 图中最长路径。显然，一个 DAG 图可能有多条关键路径。考虑如下任务图(图 4.1)。

在这个图中，节点下部的标记是节点的计算时间，边上的标记为这个边的通信成本。图中 t_1，t_7，t_9 是 CP 上的节点，所以它们被称为关键路径节点 CPN (Critical Path Nodes)。

在调度的过程中，一个节点 t-level 在改变，而 b-level 通常是一个常数，它一直保持到节点被调度为止。t-level 值在改变是因

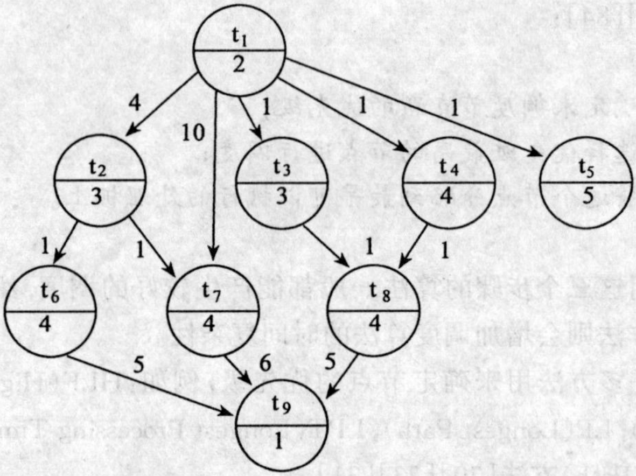

图 4.1 一个简单的任务图

为当两个节点恰好调度到同一个处理机时，它的边权值为 0，于是在某个节点的路径上，它的路径长度改变了，因而 t-level 值也将改变。绝大多数调度算法仅在某个节点的所有父节点调度之后才考查这个节点。在这种情况下，一个节点在调度到某个处理机之前，它的 b-level 值是一个常数。也有调度算法允许某个节点在它的父节点之前调度，在这种情况下，一个节点的 b-level 具有动态性。应该指出，某些算法在计算 b-level 的时候，并没有考虑边权，这样 b-level 在整个调度过程中都不会改变，因而称为静态 b-level，简写为 SBL(Static B-Level)。

在计算 t-level 的过程中，用到了一个节点调度到某个处理机的开始时间。实际上，有的研究者把一个节点的 t-level 值称为 ASAP(As-Soon-As-Possible)开始时间，因为 t-level 为最早可能开始时间。

也有一些 DAG 调度算法采用 ALAP(As-Late-As-Possible)开

始时间,一个节点的 ALAP 开始时间是检验一个节点的开始时间到底能够推迟多久而不影响调度长度。

表 4-1 列出图 4.1 所示的任务图的各个节点的几种属性值。

根据节点的优先级构造调度表之后,节点就可以分配到合适的处理机。通常假定如果一个处理机能够允许这个节点最早开始执行,则这个处理机就被认为是合适的。然而,在一个复杂的启发式调度方法中,要考虑的就不仅仅是最早开始时间。下面就要讨论这些启发式调度方法。

表 4-1　　**图 4.1 中各任务节点的几种属性值**

Node	SBL	t-level	b-level	ALAP
t_1	11	0	23	0
t_2	8	6	15	8
t_3	8	3	14	9
t_4	9	3	15	8
t_5	5	3	5	18
t_6	5	10	10	13
t_7	5	12	11	12
t_8	5	8	10	13
t_9	1	22	1	22

4.2 BNP 的表调度算法

本节讨论 BNP(有限数目处理机)的调度算法[70]。重点讨论 ISH,MCP 和 ETF 这三种算法。还是用图 4.1 描述的任务图来说明这些方法的调度过程,并对 BNP 算法进行性能分析。

4.2.1 ISH 算法

在偏序调度中,ISH(Insertion Scheduling Heuristic)算法设法利用调度过程中的空闲时间片,试图用其他任务节点填补这些调度空隙,其方法是使用静态 b-level(SBL)作为节点的优先级,该算法可概括为:

ISH 算法

1. 计算每个节点的 SBL 属性;

2. 按 SBL 的降序构造一个就绪任务表。

开始时,就绪任务表仅包含入口节点,然后重复如下步骤直到所有节点都调度完毕为止:

(1)用插入法将就绪表中的第一个节点调度到能够最早执行的处理机上;

(2)如果调度这个节点产生一个空闲段,则在就绪表中寻找尽可能多的节点,这些节点可以调度到这些空闲时间片,但不能更早调度到其他处理机上;

(3)把已经就绪的节点插入到就绪表中。

ISH 算法的时间复杂性是 $O(n^2)$,对于图 4.1 所示的 DAG,ISH 产生的调度表如图 4.2 所示。在该调度表中,任务之间的消息传递没有明显地表达出来,因为假定底层网络是完全连接且与内容无关,这样多个消息可以在任何两个处理单元之间同时传送。在本例中,ISH 算法以 $t_1, t_4, t_3, t_2, t_5, t_8, t_7, t_6, t_9$ 的顺序进行调度。

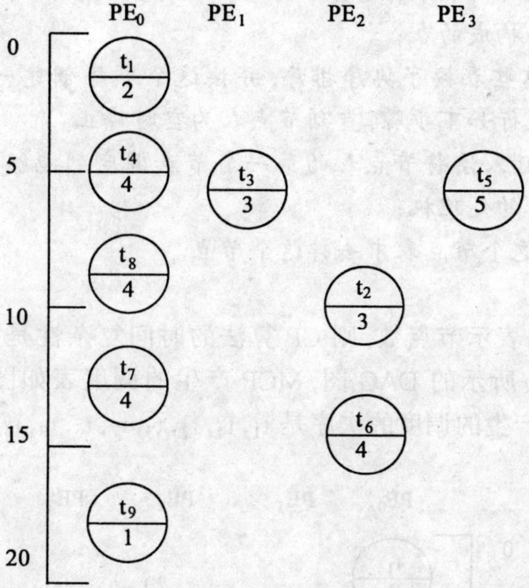

图 4.2　ISH 算法产生的调度

4.2.2　MCP 算法

MCP (Modified Critical Path)算法用节点的 ALAP 值作为调度的优先级。MCP 算法首先计算所有节点的 ALAP 值,然后以节点 ALAP 时间的升序构造一个表。如果出现两个节点的 ALAP 时间相同,则要考虑它们的子节点的 ALAP 时间。MCP 算法用插入法将表中的节点调度到能够使得这些节点最早开始执行的处理机上。MCP 在使用空闲时间片与 ISH 算法有不同的指导思想。MCP 是为一个节点寻找空闲时间片,而 ISH 算法是为一个空闲时间片来寻找合适的节点。MCP 算法的概要如下:

MCP 算法

1. 计算每个节点的 ALAP 时间;

2. 对每个节点，创建它本身的以及它的所有子节点的 ALAP 时间按降序构成的表；

3. 将这些表按字典序排序，并按这个顺序创建一个节点表，然后反复执行如下步骤，直到节点表为空时停止：

(1)用插入法将节点表的第一个节点调度到能够使该节点最早开始执行的处理机；

(2)从这个节点表中去掉这个节点。

若用 n 表示节点数，则 CP 算法的时间复杂性是 $O(n^2\log n)$。对于图 4.1 所示的 DAG 图，MCP 产生的调度表如图 4.3 所示。MCP 算法产生的调度的次序是 $t_1, t_4, t_2, t_3, t_7, t_6, t_8, t_5, t_9$。

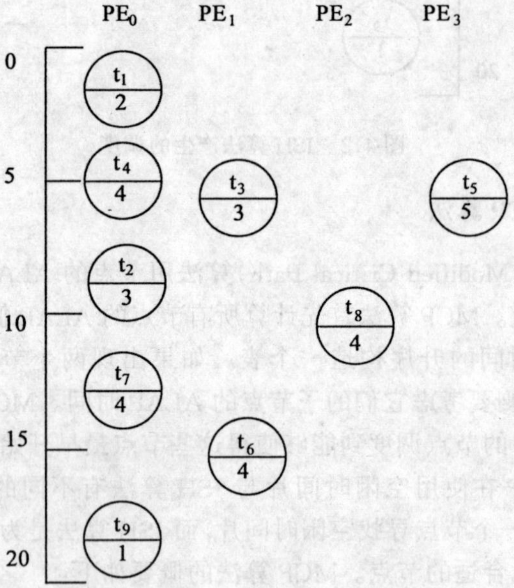

图 4.3 MCP 算法产生的调度表

4.2.3 ETF 算法

ETF(Earliest Time First)算法在每一步对所有的就绪节点都要计算最早开始时间,并在其中选择一个最早开始时间。这里的最早开始时间是考查一个节点在所有处理机上的最早开始时间。当两个节点具有相同的最早开始时间时,ETF 算法选择具有最高的静态层的节点进行调度。算法的步骤为:

ETF 算法

1. 计算每个节点的 SBL;

2. 初始化,将就绪节点池置为入口节点。然后反复执行如下步骤,直到所有节点调度完毕为止。

(1)计算就绪节点池中每个节点在每个处理机上的最早开始时间。用非插入法选择具有最早开始时间的"处理机-节点"对。若有两个相同,则选择具有较高的 SBL 值的节点。把这个节点调度到相应的处理机上;

(2)增加新的节点到就绪节点池中。

ETF 算法的时间复杂性是 $O(pn^2)$,其中 n 表示任务节点数,p 表示网络节点数。对于图 4.1 所示的 DAG 图,ETF 产生的调度表如图 4.4 所示。ETF 算法产生的调度的次序是 $t_1, t_4, t_3, t_5, t_2, t_8, t_6, t_7, t_9$。

Hwang 等人分析了 ETF 算法的性能[39],指出 ETF 算法的调度长度 SL_{ETF}满足:

$$SL_{ETF} \leqslant (2-1/P) SL_{OPT}{}^{nc} + C$$

其中 $SL_{OPT}{}^{nc}$是不考虑通信延时的最优调度长度。C 为沿某个路径上父节点-父节点对的通信成本。

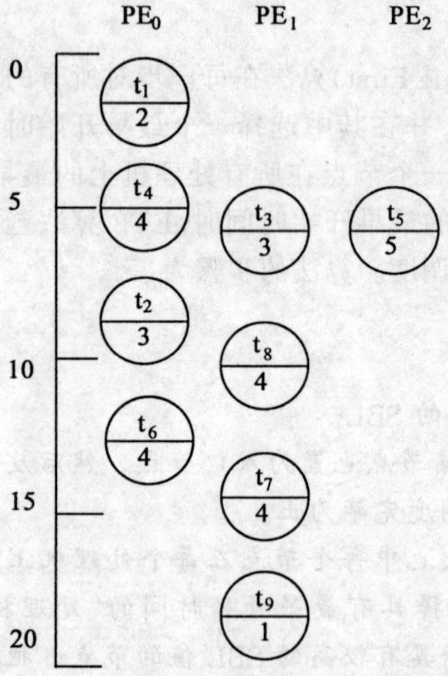

图 4.4　ETF 算法产生的调度表

4.3　APN 的表调度算法

本节将讨论 DAG 图在 APN(Arbitrary Processors Networks)中的调度算法，特别要讨论 MH(Mapping Heuristic)算法[3]和 DLS(Dynamic Level Scheduling)算法[15]。

在 APN 算法[66]中，网络中的处理机不必是充分连接的，但必须指明通信地址，这也意味着必须考虑信息的路由和调度。

4.3.1　信息的路由问题

Wang 提出了用于 APN 调度算法的两种适配路由模式[67]。第一种为对每个任务间传送的信息寻求局部最优路由的贪婪算法。该算法并不是寻求具有最小等待时间的路径，而是在当前节点连接的所有节点中寻找具有最小等待时间的那个节点作为消息的发送对象，所以这种路由是局部最优的。Wang 发现这个算法只有两种阻塞：

1. 后来的消息阻塞较早的消息(Later Blocks Earlier, LBE)

2. 较早的消息阻塞后来的消息(Earlier Blocks Later, EBL)

LBE 总比 EBL 阻塞耗费更大，在几个消息同时竞争一个连接线路时，阻塞是不可避免的，因而应该尽可能地避免 LBE 阻塞。基于这种原因，Wang 提出了第二种算法，称为最小阻塞方法，该算法的基本思想是用 Dijkstra 的最短路径算法来寻求消息的最优路由，力图避免 LBE 阻塞。

在确定消息的路由方法之后，在各连接上调度不同的消息也是一个很重要的问题。Dixit-Radiya 和 Panda 提出了一个在某个连接路线上对有序消息进行调度的模式，可以更进一步缩小定址范围。这种模式以时序通信图(Temporal Communication Graph, TCG)为基础，加上任务的优先约束一起考虑，来获得通信消息的时序关系。使用 TCG 模型的目标是减少冲突，它要计算出消息的最早开始时间和最迟开始时间，然后将这些值用于在各连接之间对这些消息的启发式调度。

4.3.2　MH 算法

MH(Mapping Heuristic)算法[24]首先通过计算所有节点的 SBL 来确定其优先级，然后初始化一个就绪节点表，它包含所有入口节点，并按优先级降序排列。每个节点调度到使之具有最小开始时间的处理机上。在计算节点的开始时间的同时，也建立每个处理机的路由表。这个表包含的信息决定了从父节点到所考查节点选择哪一条路径来路由消息。在一个节点被调度后，它的所有就绪后继节点就被加到这个节点表中。MH 算法简要过程如下：

MH 算法

1. 计算任务图中的每个节点 t_i 的 SBL 值;

2. 将就绪表初始化为任务图中的所有入口节点,并按任务的优先级排序,优先级最高者排在最前面。然后反复执行如下步骤,直到所有节点调度完毕为止。

(1) t_1←表中的第一个节点;

(2)将 t_1 调度到某个处理机,这个处理机能够使该节点具有最小开始时间,所有来自于父节点的消息都依据与每个处理机相关联的路由表进行调度和路由;

(3)将 t_1 的后继就绪节点按其优先级的顺序加入到就绪节点表中。

MH 算法的时间复杂性是 $O(n(p^2n+e))$,其中 n 表示任务节点数,p 表示网络节点数。对于图 4.1 所示的 DAG 图,在 4 个处理机所组成的环上使用 MH 所产生的调度表如图 4.5 所示。与 BNP 算法所产生的调度表形成鲜明对照的是,这里的任务间的消息是显式进行调度和路由的。特别要指出的是该网络是一个环状网络,没有通信通道从 PE_0 连到 PE_2。于是,从 t_2 到 t_6 的消息必须通过 L_{01} 到 L_{12} 之间的连接。MH 算法产生的调度的次序是 t_1, t_4, t_3, t_5, t_2, t_8, t_7, t_6, t_9。注意到 MH 算法并没有严格按照 SBL 的升序进行调度,从图 4.5 可以看出, MH 算法在 t_2 和 t_7 之前调度 t_4,而 t_2 和 t_7 实际上是更重要的节点。这是因为 MH 算法按照静态层次 SBL 的升序来放置节点,更为重要的是 t_7 是一个 CPN 节点,而 t_2 又影响着 t_7 的开始时间。由于 t_4 有较大的静态 SBL, MH 算法首先考查 t_4,并将 t_4 调度到与 t_1 相同的处理机上,以取得较早的时间分片,结果导致 t_2 不能紧接着 t_1 开始执行。

4.3.3 DLS 算法

DLS (Dynamic Level Scheduling)算法[69][70]使用了一个动态层次 DL (Dynamic Level),DL 是一个节点的静态层数与它在一

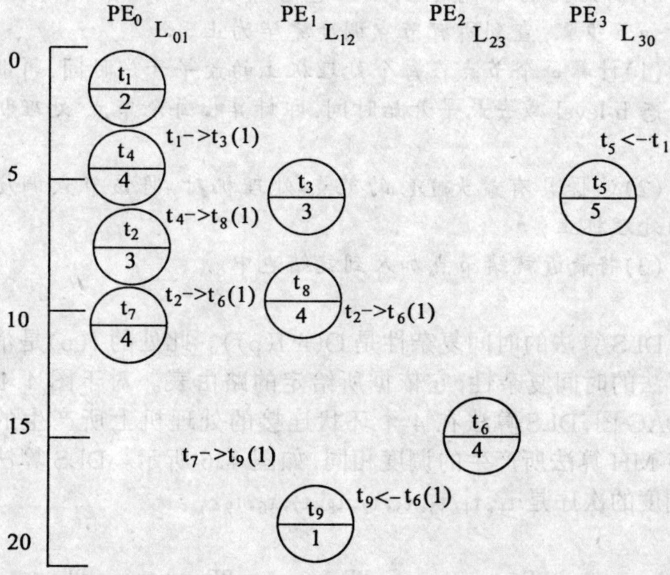

图 4.5 在 4 个处理机所组成的环上使用 MH 所产生的调度表

个处理机上的最早开始时间之差。在调度的每个步骤中，算法要对在就绪池中的每个节点，计算它们在所有处理机上的 SBL。具有最大 SBL 的节点-处理机对被挑选出来进行调度。这种机制类似于 ETF 算法所使用的机制，它们之间存在的细微差别是：ETF 算法总是对具有最早开始时间的节点进行调度，并对静态 b-level 进行调整。而 DLS 算法则倾向于在调度过程开始时以静态 SBL 的下降次序来调度节点，而在调度过程接近完成时，则以 t-level（也即最早开始时间）的上升次序来对节点进行调度。至于消息的调度，DLS 需要提供一个路由表。该算法的简要步骤描述如下：

DLS 算法

1. 计算每个节点的 b-level 值；

2. 初始化就绪节点池，使之包含所有的入口节点；然后反复执行如下步骤，直到所有节点调度完毕为止。

(1)计算每个节点在每个处理机上的最早开始时间，再将节点的静态 b-level 减去最早开始时间，即计算出每个节点-处理机对的DL；

(2)选择具有最大 DL 的节点-处理机对，将该节点调度到相应的处理机上；

(3)将最近就绪节点加入到就绪池中。

DLS 算法的时间复杂性是 $O(n^3f(p))$。此处的 $f(p)$ 是消息路由算法的时间复杂性，它依据所给定的路由表。对于图 4.1 所示的 DAG 图，DLS 算法在 4 个环状连接的处理机上所产生的调度表与 MH 算法所产生的调度相同，如图 4.6 所示。DLS 算法产生的调度的次序是 $t_1, t_4, t_3, t_5, t_2, t_8, t_7, t_6, t_9$。

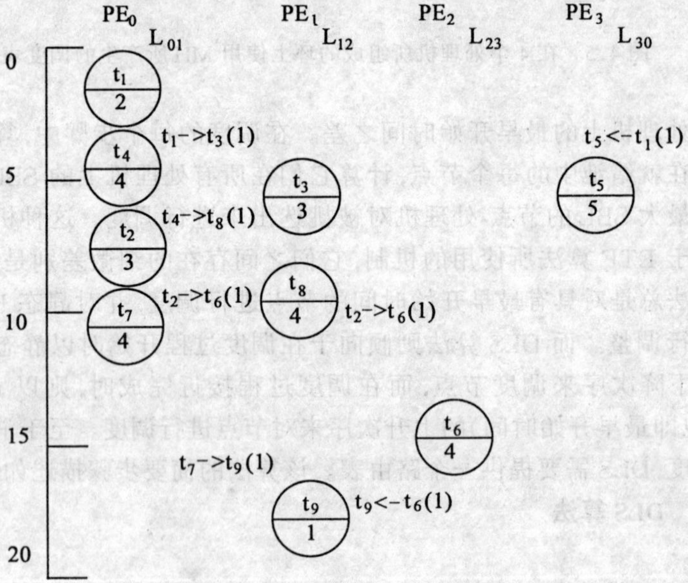

图 4.6 DLS 算法在 4 个环状连接的处理机上所产生的调度表

4.4　冒泡迁移算法

以上启发式方法的时间复杂性都在 $O(pn^2)$ 以上，而考虑通信成本的两个算法要增加一些额外的耗费。总的来看，它们的差别不是很大，这些算法还有很多不够精细的地方，可进一步改进。从另一方面来看，如果将任务的完成时间和通信时间与分布环境一起综合考虑，还可以进一步提高启发式调度的质量，因此，提出一个综合启发式算法——冒泡迁移算法。

4.4.1　将启发式信息作为选择参数

在以上优先驱动的表调度算法中，是以任务的某一属性作为优先级来进行调度的，往往会出现优先级相同的情况，这时候算法的处理方法往往是根据某一属性来选取某个任务或者是随机选取。显然，随机选取不是一个好的方法。那么，就必须进一步考虑任务各种属性与完成时间的关系。我们可以探讨一下，哪一种属性与任务完成时间的关系最大，哪一种属性次之，如此排列下去，一旦找到这种排列关系，就可以寻找一种有效的"综合"启发式方法，利用任务属性有目的、有序地组织任务调度。另外，在调度时如果产生了优先级相同的情况时，也可以利用这种任务属性排列关系，选择下一个任务属性作为参数进行调度，这样当某种优先级继续出现均势时，可以再继续选择下一个参数，直到打破这种均势为止。

分析以上 5 个算法，综合一下最主要的任务属性，有如下 8 种：

任务最早完成时间(EFT)

任务最早开始时间(EST)

任务最迟完成时间(LFT)

任务最迟开始时间(LST)

任务的前驱任务数(PTN)

任务的后继任务数(STN)

任务的计算时间(CTN)

任务是否属于关键路径(CPN)

对于前7种属性可以按大小或者是高低来划分，最后一个可以按属于和不属于来划分。

为了考查这8个属性，我们选择了若干不同的并行应用问题类，每个类的并行性分别从2到256按2的指数增长，我们用如下算法对这些属性进行测试。

任务属性测试算法

将8个属性作为参数放入一个参数表，当这个参数表不为空时，执行：

1. 对参数表中的每个参数，计算每个并行应用问题以该参数作为优先级进行调度的执行时间；
2. 将在各参数下的执行时间存入一个执行时间表中；
3. 从执行时间表中选出最佳参数；
4. 从参数表中去掉该参数；
5. 将该参数加入参数序列中。

这个算法执行完毕后，就产生出一个序列，然后对这些参数的有效性进行分类，即考查使用该参数在什么情况下的并行执行时间最短，然后进行分析。分析结果表明，一般最多只需要考查5个参数就可以消除优先级均势的冲突，即以某个参数为优先级时，如果产生均等的情况，那么第二个参数作为优先级；如果还是相等，再考查第三个参数，如此继续下去，最多考查5个参数就足够了。这5个参数的排列和它的取值是：属于关键路径的任务，LST取低值，EFT取高值，后继任务数取高值，任务完成时间取低值。以此为线索，再加上考虑通信成本因素，就可以设计一个全面考虑这些因素的综合算法，下面就是基于这种思路的综合启发式方法，称为冒泡迁移算法。

4.4.2 调度策略

冒泡迁移启发式算法实际上是一个动态迁移静态任务调度算法，即通过将一个任务从一个处理机迁移到另一个处理机来改进调度性能。该算法首先将所有任务分配到同一个处理机。这个处理机在网络中连接的处理机最多，称为轴心处理机。在算法的第一阶段，首先考查关键路径任务，所以将任务按照下面要讨论的CPN-主序列来排放。在第二阶段，考查如果在多处理机环境下对最早开始时间(EST)能够有所改进，则将任务从轴心处理机迁移到相邻的处理机上。任务的迁移过程是对网络中处理机进行宽度优先搜索，这样当第一个处理机上的迁移完成后，它相邻的处理机就成为下一个轴心处理机，通过反复这样的迁移过程来减小最早开始时间，并且在选择轴心处理机的同时，力图减少通信成本。

冒泡迁移算法的关键步骤是将 DAG 图中的节点划分为三大类：

- 关键路径节点 CPN (Critical Path Node)
- 入分支节点 IBN (In-Branch Node)
- 出分支节点 OBN (Out-Branch Node)

一个 IBN 节点是从该节点有一条路径到达 CPN 节点的节点。一个 OBN 节点是既不为 IBN 节点，又不为 CPN 节点的那些节点。

正如前面所述，在一个 DAG 图中，CPN 节点作为最主要考虑的属性，因为它们的完成时间决定了最后的调度时间。于是，在调度过程中，任务图中的 CPN 节点应该尽可能首先考虑，将它们调度出去。然而，在调度中不可能只考虑 CPN 节点而不顾及其他节点,因为一个节点的最早开始时间是由它的父节点所决定的。因而,在考虑调度 CPN 节点之前,必须考虑它们的父节点,就是上面定义的 IBN 节点,这些节点的成功调度,可以帮助减小 CPN 的最早开始时间。OBN 节点处在次要定位,因为它们不影响调度长度。

基于以上分析,我们构造一个 CPN 的主序列,它可以由下列 Build _ CPN _ Sequence 算法完成。

Build _ CPN _ Sequence 算法

1. 使入口节点为 CPN 主序列的第一个节点,并把 position 指针设置为 2,设 Next 为下一个 CPN 节点;

2. 反复执行如下 2.1 到 2.5 步,直到所有的 CPN 都置于序列中为止;

(1)如果 Next 的所有父节点都在序列中,则执行 2.2 步,否则转 2.3 步;

(2)将 Next 置于序列中的 position 位置上,将 position 增加 1,转 2.5 步;

(3)假设 Np 为 Next 的一个父节点,它不在序列中,并且具有最小的 LST 值;

①如果出现冲突,则选取具有较大 EFT 值的那个节点;如果再出现冲突,则取后继任务多的那个节点,如果还出现冲突,则选取任务完成时间小的那个节点;

②如果 Np 的所有父节点都在序列中,则将 Np 置于序列中 position 位置上,并将 position 加 1;否则递归使用该方法,使得序列中包括 Np 的所有先辈节点,并且优先考虑具有较多通信的节点。

(4)反复执行 2.3 步,直到 Next 的所有父节点都置于序列中,再将 Next 置于序列中 position 的位置上;

(5)将下一个 CPN 置为 Next。

3. 将所有 OBN 节点以 LST 的升序次序加入到序列中。

由于在 CPN 主序列中，IBN 节点总是在到达某个 CPN 节点之前插入到序列中，所以 CPN 主序列保持着优先约束关系。另外，OBN 节点以一种拓扑顺序加入到这个序列中，所以 OBN 父节点总是排在 OBN 子节点之前。

从构造主序列的 2.3 步可以看出，构造过程在首先考虑 CPN 节点的情况下，在选取 CPN 的父节点时首先考虑 LST 取低值，然后在出现冲突时，再依次考虑 EFT 取高值，后继任务数取高值和执行时间取低值。这正是算法的设计的指导思想。

图 4.1 所示的 DAG 图的 CPN 主序列的构造过程如下：

由于 t_1 是入口 CPN 节点，它被置于 CPN 主序列的第一个位置。主序列的第二个节点为 t_2，因为它仅有一个父节点 t_1，且 t_1 已经在主序列中。在 t_2 置于 CPN 主序列后，t_7 的所有父节点也都已考查过了，因而 t_7 可以加入到序列中。现在要考查最后一个节点 t_9，它还不能加入到序列中，因为它的父节点(即 IBN 节点)还没有考查过。由于 t_6 和 t_8 具有相同的 LST 值，但 t_8 具有较大的 EFT 值，所以 t_8 首先被考查。由于 t_8 的两个父节点 t_3 和 t_4 都没有考查，于是 t_3 和 t_4 必须首先加入到 CPN 主序列中，然后是 t_8 和 t_6 加入到序列中，再接着考查 t_6 这个节点，最后将惟一的 OBN 节点 t_5 加入到 CPN 主序列中。最终的 CPN 主序列为：t_1，t_2，t_7，t_4，t_3，t_8，t_6，t_9，t_5。

4.4.3 算法描述

在下面介绍冒泡迁移算法之前，首先简要介绍算法中的几个过程：

Build _ Processor _ List 过程　从第一个轴心处理机开始，按宽度优先次序构造一个处理机表；

Build _ CPN _ Sequence 过程　构造任务节点的 CPN 主序列，并将这个序列投放到第一个轴心处理机上；

Proc(t_i) 节点 t_i 所分配的处理机；

DP(t_i) 节点 t_i 的直接前驱。

冒泡迁移算法

1. 输入处理机拓扑结构和任务图并计算各节点的 CPN, LST, EFT, STN, ET 值；

2. 选择连接最多的处理机作为初始轴心处理机；

3. Build _ Processor _ List(轴心处理机)；//构造处理机表

4. Build _ CPN _ Sequence (轴心处理机)；//构造主序列，并分配到轴心处理机

5. do while (Processor _ List 不为空时)：

6. 取 Processor _ List 中的第一个处理机作为轴心处理机；

7. for 在轴心处理机上的每个节点 t_i，执行：

8. if ST(t_i, 轴心处理机) > ST(t_i)

　　或 Proc(DP(t_i))≠轴心处理机

　then

9. 确定节点 t_i 在每个邻接处理机 PE′上的开始时间 ST

10. if 存在一个 PE′使得 ST(t_i, PE′) < ST(t_i, 轴心处理机)

　then

11. 将 t_i 从轴心处理机迁移到 PE′上

12. 修改各节点和消息的开始时间

13. else if ST(t_i, PE′) = ST(t_i, 轴心处理机)

　　且 Proc(DP(t_i)) = PE′

　　then //减少通信时间

14. 将 t_i 从轴心处理机迁移到 PE′

15. 修改各节点和消息的开始时间

16. 　　endif

17. 　endif

18. endif

19. endfor

20. 从 Processor _ List 中去掉轴心处理机;

21. endwhile

算法的第 8 步判断某个任务 t_i 在当前的轴心处理机上的开始时间 ST(t_i,轴心处理机)是否大于它本身的开始时间 ST(t_i),如果大于的话,可考虑是否可以通过迁移来提前最早开始时间。另外,还要考虑 t_i 的直接前驱 DP(t_i)是否也在当前轴心处理机上,如果不在,也要考虑是否通过迁移来提前最早开始时间。

当然,一个任务是否真正需要迁移,关键在第 9 步到第 17 步,确定在邻接处理机是否存在一个处理机 PE′使得这个任务在该处理机上的开始时间比在当前轴心处理机上的开始时间要早,如果能够提前,则将 t_i 从轴心处理机迁移到 PE′上;如果最早开始时间相等,则要看 t_i 的直接前驱是否在 PE′上,如果是的话,则也要把 t_i 迁移到 PE′上,因为这样可以节省通信时间。

4.4.4 复杂性分析

设处理机的个数为 p,任务节点数为 n,处理机之间的连接边数为 e。因为 do while 循环是针对处理机表的,所以要循环 P 次,内层的 for 循环针对每个节点,所以要循环 n 次。对每个节点寻找相邻的处理机作为下一个轴心处理机,最多循环 e 次。若迁移成功,则要修改每个节点的开始时间,又必须循环 n 次。因此,冒泡迁移算法的时间复杂性是 $O(pn^2e)$。实际执行时,不能达到这样一个级别,因为相邻的处理机的连接数达不到 e,在最内层的循环也没有 n 个节点需要修改开始时间。

对于图 4.1 所示的 DAG 图,冒泡迁移算法把 CPN 主序列投放到第一个轴心处理机 PE_0 上。

在第一阶段中,t_1,t_2 和 t_7 并没有迁移,因为它们已经是按最早开始时间进行调度的。而 t_4 要迁移到 PE_1,因为它的开始时间

在 PE_1 上可以得到改进。同样的道理，t_3 要迁移到相邻的处理机 PE_3 上。

在下一阶段，t_8 要跟随它的直接前驱节点 t_4 迁移到 PE_1 上。类似地，t_6 要跟随它的直接前驱 t_3 迁移到 PE_3。最后一个 CPN 节点 t_9 要跟随它的 DP 节点 t_8 迁移到 PE_1。这样的迁移允许惟一的 OBN 节点 t_5 提升。冒泡迁移产生的调度表如图 4.7 所示。

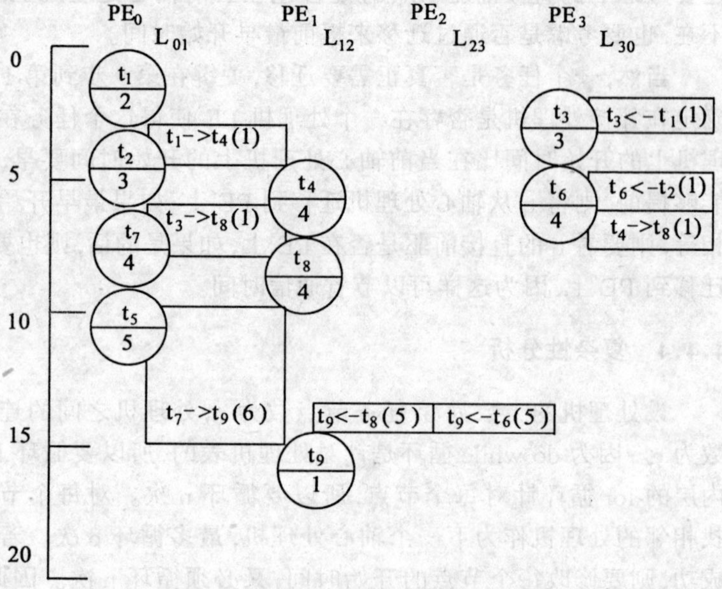

图 4.7 冒泡迁移产生的调度表

在这个例子中，冒泡迁移算法的调度长度为 16，通信成本为 21。相比之下，它的调度长度要比前面的调度算法的调度长度要短很多。

4.5 小　　结

本章在分析若干启发式表调度算法后，提出了将不同的启发式方法作为选择参数的综合启发式算法，它显然要比其他表调度算法要精细一些。在这里我们可以结合实例，稍作比较（见表4-2）：

表 4-2　**几种表调度算法的性能比较**

调度算法	调度长度	通信成本	时间复杂性	适用环境
ISH	19	未考虑	$O(n^2)$	NOWs
MCP	20	未考虑	$O(n^2\log n)$	NOWs
ETF	19	未考虑	$O(pn^2)$	NOWs
MH	20	16	$O(n(p^2n+e))$	NOWs 或基于 Internet 的网络
DLS	20	16	$O(n^3f(p))$	NOWs 或基于 Internet 的网络
冒泡迁移	16	21	$O(pn^2e)$	NOWs 或基于 Internet 的网络

从表 4-2 中不难看出，冒泡迁移算法的调度长度比前面的调度算法的调度长度要短，通信成本有所增加。主要原因是冒泡迁移算法把减少调度执行时间的目标放在首要地位，同时兼顾通信成本，使通信成本分布比较均匀。

第五章　负载平衡与智能调度

前面两章讨论的任务分配和表调度问题虽然都是 NP-完全问题,但基本上还是处在静态调度阶段。在实际应用系统中,任务的动态调度更为实用,所以,动态任务分配算法(负载平衡和负载共享)、自适应分配算法及智能化任务分配算法将是更迫切需要研究的内容。

5.1　负载平衡问题

5.1.1　概述

负载平衡也称负载共享,是指对系统中的负载情况进行动态调整,以尽量消除或减少系统中各节点负载不均匀的现象。具体实现方法是将过载节点上的任务转移到其他轻载节点上,尽可能实现系统各节点的负载平衡,从而提高系统的吞吐量。负载共享有利于统筹管理分布式系统中的各种资源,便于利用共享信息及其服务机制扩大局部分布式系统的处理能力。

动态负载共享策略是指把系统中各节点上已有的负载作为参考信息,在运行过程中,根据系统中各节点的负载状况,随时调整负载的分配,使各节点尽可能保持负载的平衡。

负载:负载共享算法中的关键问题是如何确定负载。根据任务负载可以判断某一任务在特定节点的响应时间,确定在该节点上的执行性能。曾经被研究及使用过的负载包括 CPU 队列长度、某时间内的平均 CPU 队列长度、CPU 利用率等。Kunz 发现负载的选取对系统性能有着重要影响，而最有效的负载计算方式是 CPU 队列长度。

动机：用户将任务提交给系统处理，由于任务到达的随机性导致了某些处理机处于过载而某些处理处于空闲或轻载状态[1]。负载共享能够通过将过载处理机上的任务迁移到轻载处理机上执行来提高性能。

性能：从静态角度看，高性能是指各处理机上的负载基本平衡。从动态角度看，性能的尺度是任务的平均响应时间，而任务的响应时间是指任务从提交到开始执行的持续时间。

5.1.2 负载平衡算法分类

负载平衡算法可分为动态算法和自适应算法两大类[40]。

1. 动态算法

根据系统状态，对可以接受任务的节点进行分析，如果处理机繁忙，可以将任务迁移到空闲节点，甚至可以将正在执行的任务迁移到其他空闲点。但要注意的是，信息的收集、分析及作出决定等过程都要造成不可忽视的额外开销。

2. 自适应算法

通过动态改变参数甚至策略来调整自身的行为，以适应正在改变的系统状态。例如，某种负载平衡算法在 A 种状态下的性能优于其他算法，而另一种算法在 B 种状态下更优，自适应算法能够根据系统状态的变化选择合适的算法。在无法通过任务迁移提高系统性能的情况下，自适应算法是很好的选择[55]。

另外，上述算法又可进一步分为抢占式和非抢占式两类。

抢占式任务迁移是指可以转移一个已部分执行的任务。这个操作通常是非常昂贵的，因为收集任务的状态信息非常困难。任务状态包括虚拟内存映像、进程控制块、I/O 缓冲区、文件指针等。因此，实现抢占式任务迁移的开销很大。

非抢占式任务迁移只包含未开始执行的任务的迁移,所以不涉及任务执行状态信息的迁移。

在这两种方式中,执行任务的一些环境信息将传送给远程节点,这些环境信息包括用户工作目录和任务特权等。其中非抢占式任务迁移又称为 Task Placement。

动态负载平衡算法如果根据集中的程度加以区分,还可以分为集中、分散、组合三种。其中集中式算法隐含着不稳定性,因为当中央控制节点出现故障时会导致系统瘫痪,一种解决方案是保持一个冗余节点,当中央控制节点出现故障时,冗余节点自动激活,代行中央控制节点之责。集中式算法的另外一个缺点是易造成中央控制节点处的瓶颈。

5.1.3 负载平衡策略

动态负载平衡策略包含四个部分:转移策略、选择策略、定位策略和信息策略。

1. 转移策略

转移策略要确定一个节点是否处于合适的状态来参与任务转移。一个节点参与转移时,要么是发送者,要么是接收者。一个普遍认可的转移策略是门槛(Threshold)策略:当某个节点产生一个新任务时,当节点负载超过 T_1 时,转移策略将该节点确定为发送者;当节点负载小于 T_2 时,转移策略将它确定为远程任务的接收者,这里 T_1 是发送门槛值,T_2 是接收门槛值,$T_1 > T_2$。另一个转移策略是相关转移策略,例如,若一个节点的负载在全系统中最低,则被确定为接收者。

2. 选择策略

一旦转移策略决定了一个节点是发送者,选择策略就要从本地选择一个任务来转移,如果选择策略不能发现一个合适的任务来转移,这个节点就不再被认为是发送者。最简单的办法是选一个导致该节点成为发送者的新近产生的任务,这种任务转移开销较小。选择策略要考虑以下几个因素：

- 转移的额外开销尽量小；
- 被选择的任务应该足够大，以值得花去额外开销。

3. 定位策略

定位策略的作用是为准备转移的负载选择合适的"转移伙伴"。在非集中式算法中一个广泛采用的方法是轮转搜寻，即由一个节点询问其他每个节点以确定是否可以共享负载。轮转搜寻可以采取串行和并行两种方式(并行即广播方式)。在集中式算法中，一个指定的节点作为协调者来定位、收集系统信息，发送者从协调者处获得系统信息来选择接收者，在非集中式算法中定位接收节点有下述三种方案(定位发送节点与其类似)：

- 随机：随机是最简单的定位策略，因为不需要使用远程状态信息。任务被随机地选择作为发送一个节点，而不必彼此交换信息。但这样会带来一些问题，特别是当全系统的负载比较平均时，随机定位策略可能使得所有节点都忙于转移任务而无暇去执行它们。为此，必须限制轮询的次数。
- 门槛：为避免没有必要的转移，先要查看转移到某节点上是否会造成该节点负载超过某个门槛值。如果没有，就将任务转移到该节点；否则，再去查看其他节点。为了减少额外开销，必须限制轮询的次数。
- 最短：最短定位策略不仅能决定哪些节点可以接收任务，还能决定哪些节点接收任务更好些，与前两种定位策略一样，它也要轮询，但却是选择具有最短任务队列的节点作为转移对象。

4. 信息策略

信息策略决定系统中其他节点的状态信息如何收集、从哪里收集、收集哪些信息等等。有三种类型的信息策略：

- 要求驱动策略：在非集中式策略中，一个节点只有在成为发送者或接收者时才能收集其他节点的信息。

- 周期策略：定期地收集信息，可用于集中式算法，也可用于非集中式算法之中。
- 状态改变驱动策略：在自身状态改变到一定程度时，节点向外发布它的状态信息。

从排队论看，当任务到达的速度快于系统处理的速度时，会造成不稳定性；从算法看，当某个引进参数或策略设置不恰当时，会使任务频繁转移而造成系统“抖动”。

5.2　负载平衡算法及其策略

目前已研究出了许多负载共享算法，下面将介绍几个有代表性的算法和策略。

5.2.1　发送者主动算法

在发送者主动算法中，当一个节点过载时，它就尝试将任务发送给一个轻载节点(接收者)。图 5.1 给出了算法流程，我们从算

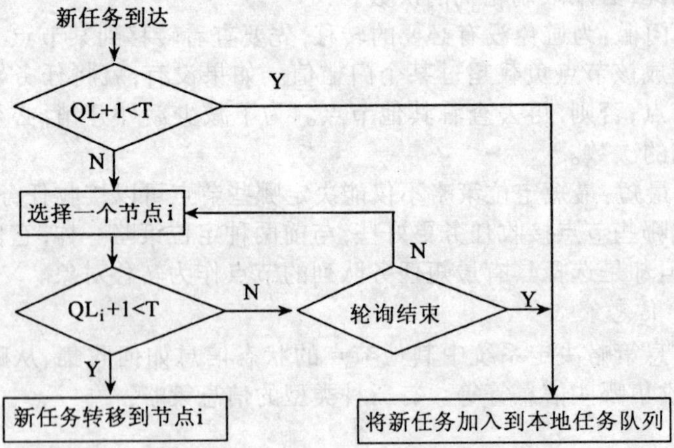

图 5.1　发送者主动算法流程

法的四个组成策略及稳定性加以说明。

图 5.1 中，QL 为任务队列长度，QL_i 为节点 I 的任务队列长度，T 为门槛值。

转移策略：这里采用的是门槛策略，当一个节点产生一个新任务时，若任务队列长超过门槛 T，则该节点被确定为发送者。

选择策略：本算法选择新到达的任务作为要发送的任务。

定位策略：根据被轮询节点的任务队列长度，判断是否超过门槛值，若没有超过就转移到该节点，这是门槛定位策略。

信息策略：在本算法中采用的信息策略是要求驱动策略，一个节点只有在成为发送者时才能收集其他节点的信息。

5.2.2　接收者主动算法

与发送者主动算法相反，当一个节点的任务队列长度小于门槛值，它就尝试从过载节点接收一个任务。图 5.2 给出了其算法流程。

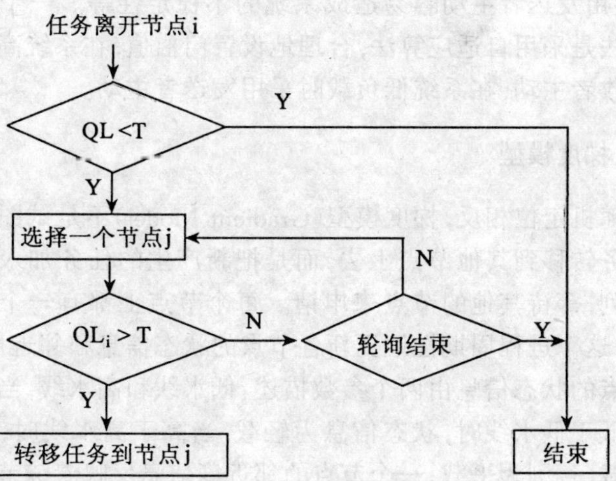

图 5.2　接收者主动算法流程

图 5.2 中,QL 为任务队列长度,QL_i 为节点 I 的任务队列长度,T 为门槛值。

转移策略:这里采用的仍是门槛策略,当一个节点上有任务离开时,若任务队列长度小于门槛 T,则该节点被确定为接收者。

选择策略:所有其他节点上的任务都可能成为接收对象。

定位策略:根据被轮询节点的任务队列长度,判断是否超过门槛值,若超过就转移任务到节点 j,这是门槛定位策略。

信息策略:在本算法中采用的信息策略是要求驱动策略,一个节点只有在成为接收者时才能收集其他节点的信息。

5.2.3 双向主动算法

在双向主动算法中,发送者和接收者都能转移任务,因此双向主动算法兼有两者的优点。在系统负载较低时,本算法中的发送者主动很容易发现轻载节点;在系统负载较高时,接收者主动更容易找到过载节点,但双向主动算法也有一些不足,如在系统负载较高时,使用发送者主动容易造成系统的不稳定性等。一个较好的解决方法是采用自适应算法,合理地设置门槛值,在系统高负载时采用接收者主动,在系统低负载时采用发送者主动。

5.2.4 梯度模型

与随机定位相反,梯度模型(Gradient Model)不是试图将新产生的任务转移到其他节点上去,而是把新产生的任务加入自己的任务队列,等待其他的节点来申请。每个节点上都有一个负载平衡进程,这个进程周期性地更新各节点的状态信息和邻近度信息。每个节点的状态信息由两个参数描述:低水线和高水线,当该节点的负载低于低水线时,状态信息为轻载,当高于高水线时,状态信息为过载,否则为平载;一个节点的邻近度信息反映着该节点到一个轻载节点最短距离的估计值,一个轻载节点的邻近度为 0,其他节点的邻近度取一个节点到它所有的邻近节点中邻近度的最小值。当一个节点的邻近度大于网络的直径时,说明系统处于饱和状态,令其邻近度为网络的直径+1,以避免其邻近度无限增大。当一个节点计算的邻近度的新值与旧值不同时,它将向它所有的邻近节点广播。当一个节点过载同时系统又不处于饱和状态时,该节点向具有最小邻近度的邻近节点转移一个任务。

5.2.5 接收者主动的渗透算法

接收者主动的渗透算法(Receiver Initiated Diffusion)是通过相邻域的重叠部分的节点扩散负载而达到负载平衡的一类方法。负载信息是通过相邻点进行交换的,当一个负载值 L_i 增加到 $(1/u)L_i$ 或降低到 uL_i 时,就把更新信息发到各节点以更新其负载信息,u 是负载信息的更新因子。当一个节点的负载低于 L_{low} 时,该节点的负载平衡进程就被启动,于是计算出其自身和邻近节点的平均负载 $\overline{L_i}$;如果一个节点的负载与平均负载之差小于一个门槛 L_t,就执行负载平衡算法的第三个阶段,每个节点 k 被赋予一个过载值 h_k:

$$h_k = \begin{cases} L_k - \overline{L_i}, \text{如果 } L_k > L_i \\ 0, \text{其他} \end{cases}$$

节点 i 所在区域总的过载重量为 H_i:

$$H_i = \sum_{i=1}^{k} h_k$$

节点 i 从其相邻节点申请的负载总数为

$$\delta_k = (\overline{L_i} - L_i) h_k / H_i$$

申请负载的请求被送到合适的相邻节点,根据收到的请求,一个节点最多将其自身的一半负载传递给请求者。在这个算法中,L_{low}, L_t, u 需要调整到系统出现最优性能,但要找到最佳参数是非常困难的。

5.2.6 预约策略

预约(Reservation)策略的基本思想为:一个轻载节点按一定方式查询系统的状态,请求某个过载节点迁移一个尚未开始运行的任务给自己。若此时该过载节点尚无这样的负载存在,则轻载节点同它进行一次“预约”,要求一旦有新创建的或新到达的负载,就将它迁移给自己。因为迁移一个正在运行的负载是比较困难的。

5.2.7 投标策略

投标(Bidding)策略的基本思想为:过载节点向系统广播一个“请求迁移出负载”的请求消息。接收到这一请求消息的节点根据自己的状态决定是否参与投标;若参与,则它向请求者发一标书(含可以接收的负载量);该过载节点对接收到的标书进行筛选,选出其中最少负载的节点并把其希望迁移的负载迁移给它。

这种方法简单、直观,但需要一定的开销。

5.2.8 广播策略

广播(Broadcast)策略的基本思想为:每个节点都将自己当前的负载广播给系统中所有其他的节点,因此,过载节点可将一定量的负载直接迁移到负载最少的节点,或者轻载节点可直接从最高负载的节点请求接收一定数量的负载给自己。

5.3 智能型任务调度算法

如前所述,在由任意多个处理机组成的系统中,实现最佳的任务调度是一个 NP-完全问题,因此,传统的研究一般都集中于寻找某种较优算法。但这仍存在如下问题:

1. 因为分布式系统中各节点的自治性和动态变化的远程对

象状态，使局部调度算法所具有的全局状态信息是不确定的。

2. 从系统的观点来看，对一个任务组进行调度的性能需求应随着系统当前状态的变化而变化，即它与时间是有关的。如果当系统中某些节点过载或某些节点轻载时，负载平衡应是下次调度的主要目标之一。显然，这种自我调节的性能是传统调度算法很难满足的。

解决此问题的途径之一是采用智能型任务调度策略[44][52]。

5.3.1　任务调度中的知识及其表示

任务调度中的知识主要有如下两类：

- 调度知识：设计任务调度算法有一些经验、原理、规划等，如就近调度原则、不要调度正在运行的任务等等。
- 对象知识：构成任务调度算法的一些基本知识。

根据面向对象设计的观点，计算机系统的所有资源都视为对象，一个对象知识主要由对象体、作用在其上的操作以及相关的知识三部分构成。例如，一个处理机对象知识如图 5.3 所示。

图 5.3　处理机对象知识

调度知识通常以算法或规则形式出现，例如，可用下述形式表示：

if 条件 1，条件 2，……，条件 j

then 动作 1，动作 2，……，动作 k

其中，"条件"即引用调度知识的条件，而"动作"则是引用这些调度知识的一组动作。例如，对于"若处理机 p_j 负载最轻，则将任务 t_m 分配给它"这个调度规则，可表示为：

if minload (p_j) then assign (t_m, p_j)

对象知识还可进一步划分为静态知识和动态知识。前者是指在对象创建后就依赖于该对象不再变更的那些知识；后者则指在对象的整个生命期内发生变化的那些知识（也称为"状态知识"）。例如，前面所述的一个处理机对象的静态知识包含运行速度、存储容量、字长等；而其动态知识则为负载状况、空闲存储空间的大小、等待队列中的进程数等。

为了判断对象知识的可信度，可用一个可信因子（0～1 间的某个数）来近似地指明，而且任何一个对象知识的可信度均遵从下述规则：

- 初始规则：可信度的初始值是支持该对象知识的所有证据的度量；
- 更新规则：若获取了该对象知识的新证据或所期望的证据没有到达，则该对象知识的可信度应作修改；
- 衰减规则：所有对象知识的可信度都将随着时间的推移而降低。

5.3.2　任务调度程序的结构

位于分布式系统中某节点上的一个智能型任务调度程序的逻

辑结构如图 5.4 所示。

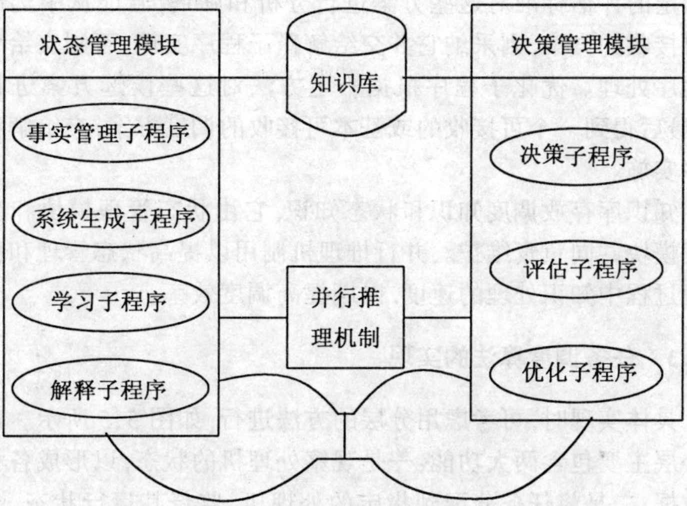

图 5.4 智能型任务调度程序的逻辑结构图

图中,状态管理模块由四个子程序组成,其中,解释子程序负责对调度信息的搜索、解释和实施。调度信息可分为"调度数据"、"调度目标"和"调度指令"三部分。当解释子程序收集到大量调度数据后,它就产生一组假设,这些假设试图去解释和说明这些收集到的信息。若有足够的证据支持某一假设,则此假设就成为具有一定可信度的事实存放于知识库中,并交给事实管理子程序管理。若存在两个以上的相互抵触的假设,则由学习子程序通过学习功能去搜索证据,以解决这类冲突。解释子程序根据现有的调度状态知识,产生当前的调度目标。根据这些调度目标,决策管理模块将产生一个既能满足用户响应时间的要求,又能满足系统动态变化的性能要求的调度指令。同时,系统生成子程序将选定一个合适的硬件子系统来运行调度形成的任务组。

决策管理模块由三部分组成，其中，决策子程序根据知识库中的调度知识和状态知识产生一组候选的调度方案。评估子程序根据预定的评估标准对这些方案进行分析和筛选，若能从中选出一个可接收的方案，则采纳它并交给解释子程序实施；否则交给优化子程序处理。优化子程序根据一定方法对这些候选方案进行优化，最后得到一个可接收的或基本可接收的调度方案，交给解释子程序实施。

知识库存放调度知识和状态知识，它由状态管理模块和决策管理模块共同负责维护。并行推理机制用以提高状态管理和决策管理过程中知识处理的速度，以期提高调度效率。

5.3.3　任务调度算法的实现

具体实现时，可考虑用分层的方法进行，如图5.5所示。其中核心层主要包含两大功能：一是观察处理机的状态，以形成各种统计数据；二是将任务分配到指定的处理机，监督其运行状态，支持任务间的通信等。

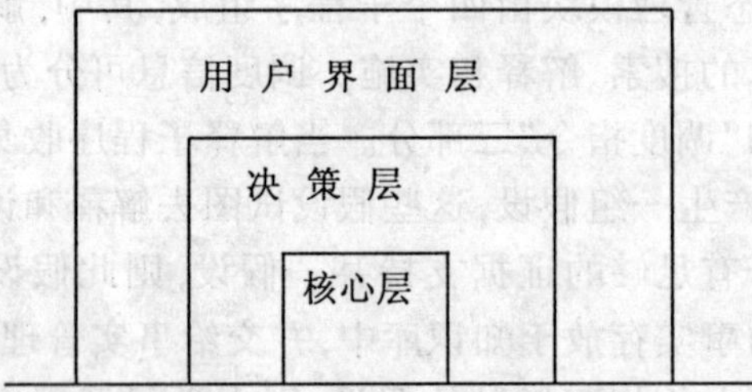

图5.5　实现任务调度算法的层次结构

核心层的程序同操作系统内核一起常驻内存，协同完成上述功能。决策层完成调度决策的任务，包括状态管理和决策管理两大功能。用户界面层提供一个友好的用户界面和学习功能,它根据用户提供的作业说明书给出的有关任务的知识,以及从核心层得到的统计数据所形成的状态知识,提交给决策层进行调度决策。

5.4 小　结

本章首先讨论负载平衡问题的一些基本概念,其重心是围绕动态调度的目标:对系统中的负载情况进行动态调整,以尽量消除或减少系统中各节点负载不均匀的现象。接着,讨论了几种负载平衡问题的策略和算法。最后,讨论了智能型任务调度算法。

下一章,我们将讨论静态和动态调度相结合的问题,提出一种综合考虑任务完成时间和通信成本以及工作站计算能力的预分配算法,并将其与动态调度相结合,形成一种混合调度算法。

第六章 启发式混合调度算法

研究基于网络的分布计算性能的最困难部分是多任务环境。在这个环境下,不同任务的负载以不可预见的变化运行在网络中,产生许多不确定因素。而且,研究并行应用的性能,还必须考虑这些任务所产生的外部负载以及资源限制。因而,它的调度问题不可能仅仅只使用静态的方法。在前面几章已经阐述过,使用静态和动态相结合的方法往往是比较切实可行的解决方案。

本章将探讨基于启发式方法的静态与动态相结合的混合调度方法,对于静态调度,进一步扩充了冒泡迁移算法,提出一个综合考虑计算量、通信量和处理机计算能力三者的预分配的算法;对于动态调度,采用当今比较成熟的分布式人工智能中的 Agent 技术[51],提出了基于 Agent 的动态负载平衡算法。静态预分配算法旨在均匀分配计算量和减少分布单元间的通信开销,基于 Agent 的动态负载平衡算法则是为了弥补静态分配的不足,根据各处理机完成的计算量来进行均衡调度。

6.1 负载平衡模型

动态负载平衡分为两大类[6][28],在以侦听为基础(Peer-Based)的方法中,工作程序首先分布到不同的处理机,并且通过数据迁移来取得负载平衡;在以缓冲池为基础(Pool-Based)的方法中,一个处理机处理主要任务,其他空闲处理机向它申请任务。这两大类也就是前面所述的分布调度和中心调度。

为了研究一种方法能够使分布系统取得最好的性能，我们把目标锁定在以缓冲池为基础的方法上，它可以减少处理机之间的通信。这种负载平衡固定在一台处理机之上，称为管理者，即“工作者-管理者”(Worker - Manager)模型，管理者利用空余时间来处理自己的任务，并把任务信息和外来的请求放到一个队列中，这个队列采用预分配策略。在执行过程中，管理者使用一个 Master Agent来管理这个队列。

6.2 分布模型

本章所采用的分布模型为“工作者-管理者”(Worker-Manager)模型，该模型是一组工作站(高性能个人计算机)通过局域网或 Internet 互连。其中有一个称为管理者，其余处理机称为工作者，整个模型系统具有如下三个部分：

(1)分布配置工具；

(2)基于 Agent 的分片通信工具；

(3)调度与监视分布执行工具。

其中分布配置、调度与监视分布执行工具都在管理者上运行。

为完成这种工作者-管理者模型，可使用客户/服务程序设计方法。当前，有很多流行的高级语言，如：Java，C++ 都提供构造基于客户/服务分布式应用的机制。这些应用被划分称为客户程序和服务程序，分布在网络中不同的计算机上。一个客户程序向服务程序发出服务申请，并等待回应。在另一端，服务程序收到请求后，对它进行处理，然后把结果发送给客户程序。

多线程处理是一种提供服务应用的有效方式，一个服务进程可以为多个客户服务，每个客户请求将在服务器上引发一个线程。

并行应用也可以以客户/服务模型来设计。一个客户可以将一个大的应用分成若干小的问题,这些小的问题可以由多个服务程序同时处理,所有服务程序对相应的问题求得解答后,再发送给客户机。客户机汇集所有从服务程序发来的结果,然后再输出给用户。所以,在工作者/管理者模型中,客户扮演着管理者的角色,而服务程序则扮演着工作者的角色。

在具体实现这个模型的过程中,要将多个可用服务器(运行服务程序的处理机)中的每一个和它的 Internet 域名保存在一个文件中,称为服务器配置文件,由客户机存取它。

服务器配置表结构为:

node_id	物理节点号
node_name	节点名字
node_addr	节点地址
node_stat	节点状态(忙碌/空闲/失败)
node_cpu	节点的 cpu 配置情况
node_disk	节点的剩余磁盘空间
node_ram	节点的 ram 配置情况

客户机同时还要读取另一个文件,称为客户配置文件。它包括用户定义的应用参数。其结构如图 6.1 所示。

管理者的监控工具监视整个局域网的资源情况,这主要依赖一个通信 Agent 在局域网上搜索,当一个工作站长时间没有鼠标或键盘动作并且没有用户进程在运行,则认定它是空闲并加入到系统资源配置表,然后发送一个 Agent 到这个工作站,使其加入分布计算的行列。系统通过动态地访问空闲工作站来提高计算能力。

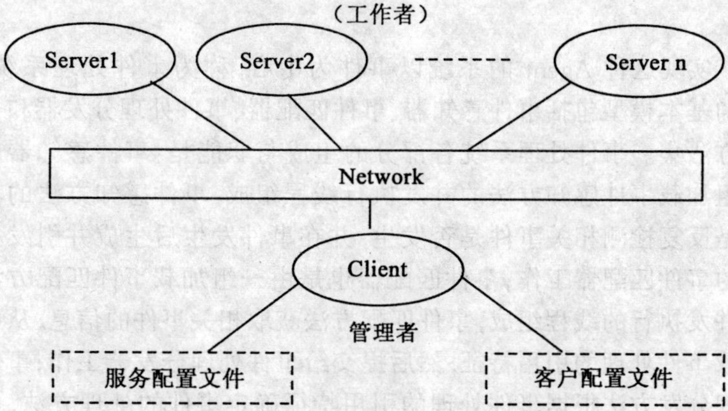

图 6.1 用 C/S 结构实现的"管理者/工作者"模式

6.3 分布并行的实现模型

6.3.1 实现分布计算的 Agent

基于 Agent 的分布计算是分布计算的新的实现途径[105][97][59]。近年来,分布式人工智能迅速发展,Agent 技术日益成熟,如果能够利用 Agent 的技术特点来进行动态调度,使 Agent 作为调度使者,让它充当情报员在网络中搜集信息,充当邮递员传送信息,充当协调员调整网络中的负载,就能够大大提高分布并行的计算效率。为适应这些要求,Agent 必须具有[76][77][78]:

- 独立性　支持以 Agent 为逻辑单位的数据、过程和通信设施的封装,使其成为分布计算的运载工具。
- 自主性　能够作用于自身和环境,根据内部状态和外部事件决定控制行为,成为分布计算行为实体。
- 交互性　支持 Agent 之间灵活的多样的交互机制,使其与其他 Agent 有效地协同工作。

实现这种 Agent 的系统以事件为中心，称为事件处理系统。它的基本模型包括事件感知器、事件匹配器、事件处理分发器和一个方法集。事件处理系统各部分的组成与职能是：事件感知器由一组加载事件感知方法的并发执行线程组成，事件感知方法的功能是反复检测相关事件是否发生，并在事件发生后生成并引发相关的事件匹配器工作；事件匹配器也是由一组加载事件匹配方法的并发执行的线程组成，事件匹配方法获取相关事件的信息，从中提取事件处理的引用特征，然后提交给事件处理分发器工作；事件处理分发方法根据事件处理的引用特征确定事件的处理方法，并引发该事件的执行。

实现时定义 Agent 的模板，并用继承方法实现新的模板。模板主要分为两个部分：一部分为内部数据结构，定义事件的状态；另一部分为事件处理方法的定义，即事件的感知方法、事件的匹配方法、(调度)事件的处理和任务分发方法的定义。

我们的目的是通过 Agent 的消息事件处理能力来实现动态调度。具体实现中提供最主要的两类 Agent 模板：一类是主控方的 Agent 称为 MA 的定义模板，MA 管理任务队列，完成任务分派；另一类是代理 Agent 称为 SA 的定义模板，SA 为 MA 提供服务。MA 产生 SA 并对 SA 登记和管理，SA 是 MA 的代理者。MA 驻存在 Manager 上，负责将子任务形成任务队列，这些子任务以 SA 作为载体，分配到各工作站上。MA 和 SA 的工作模型为：

当事件处理系统启动 MA 后，根据处理的需要产生 SA。SA 根据要求，一般派生分布单元到某个工作站并引起网络计算 SA 的分布单元，然后通过网络低层向 MA 报告。在此期间 SA 至少要完成如下工作：

(1)完成分布单元之间的通信，如在会合要求或远程过程调用

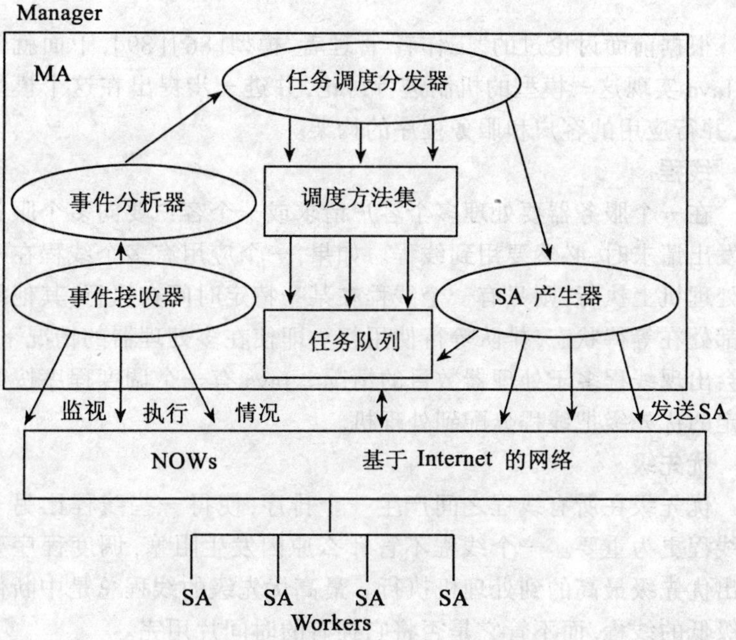

图 6.2 “MA/SA”工作模型

中传送参数和会合执行的结果；

(2)返回执行单元的执行结果。

若某个 SA 与其他 SA 有通信要求，则这两个 SA 在生成时都有对方的“地址”，都有将要感知对方的准备，即在它的处理方法中已经准备好接受对方消息的处理方法。

MA 确认收到计算结果后，负责整理、合并各 SA 返回的计算结果，形成某个问题的完整解答。然后通知 SA 自行终止，同时注销 SA。

6.3.2 并行应用框架

根据前面讨论过的“工作者-管理者”模型[86][89]，下面就使用 Java 实现这一模型的机制进行讨论，并进一步提出在这个模型下，并行应用的客户和服务程序的构架。

线程

在一个服务器要处理多个客户请求或一个客户要向多个服务器发出请求时，必然要用到线程。如果，一个应用有多个线程在一个处理机上执行，则只有一个线程在某一特定时间在执行，其他线程都处在等待状态，排队等待使用权。即使在多处理器的情况下，也会出现线程多于处理器数目的情况。Java 有一个调度程序按照一定的优先级把线程分配到处理机。

优先级

优先级在所有线程之间产生一个排序，使得一些线程比另一些线程更为重要。一个线程不管什么原因发生阻塞，调度程序要挑出优先级最高的到处理机执行。最高优先级的线程总是中断优先级低的线程，而不管它是否将它拥有的时间片用完。

优先级是处于 MIN_PRIORITY 与 MAX_PRIORITY 之间的一个数。一个线程默认的优先级为 MORM_PRIORITY。一个线程的优先级开始时与创建它的线程的优先级相同，然后在运行过程中的任何时刻都可以改变它的优先级。当一个线程创建后用来完成一个较大的计算任务时，赋给一个较小的优先级比较合理，这样可以给计算时间短的或者更重要的线程更多的机会取得处理机。

Socket

Java 支持 Socket，它能够提供在一台处理机执行的应用与另一台处理机上执行的应用之间进行连接的功能。一个抽象的 Socket 由保存通信信息的数据结构和对 Socket 结构进行操作的系统调用组成。一个 Socket 创建之后，如果是主动的 Socket 则用来产生连接，如果是被动的 Socket 则用来等待连接。Java 提供 Socket 和 ServerSocket 类作为抽象 Socket 程序设计技术，程序员可以使用这些 Socket 类创建一个到某个主机标准 Socket 连接，并通过这个连接读取和写入数据。

Socket 类提供了客户端的 Socket 接口，一个客户程序可以通过如下 Socket 的例示来建立一个到远程服务器的连接：

Socket〈connection〉= new Socket 〈Hostname, Portnumber〉

ServerSocket 提供了服务器端的 Socket 接口。要建立一个 Server 连接并把这个连接绑定在一个特定的接口，可用如下的 ServerSocket 例示：

ServerSocket 〈connection〉= new ServerSocket〈Portnumber〉

ServerSocket 通过 TCP 端口听取来自于客户端的连接。当客户端连接这个端口后，服务器使用 accept()方法接收这个连接。

输入输出流

一旦连接建立后，客户端和服务端就可以使用输入输出流从 Socket 里读出数据。流在 Java 中用于输入和输出，它们是有序的数据序列。输入流是源点，输出流是终点。例如，Data Input Stream 和 Data Output Stream 就是为通过流进行传输提供的实现方法。输入和输出流可以从 Socket 连接中读取数据或者将数据写入到 Socket 连接中。

RMI 与 Agent 的实现

RMI(Remote Method Invocation)为采用 Java 对象的分布计算提供了简单而直接的途径。因为 RMI 是以 Java 为核心的，所以，它将 Java 的安全性和可移植性等强大功能带给了分布式计算，利用这些功能可将 Agent 和服务逻辑移动到网络中最合适的地方。RMI 可将属性(类的实现程序)从客户机移动到服务器，或者从服务器移到客户机。因为 RMI 允许使用 Java 实现下载属性，所以可使用 RMI 编写 Agent 系统，Agent 最简单的格式如下所示。

```
import java.rmi.*;
public interface AgentSever extends Remote {
    void accept(Agent agent)
        throws RemoteException, InvalidAgentException;
}
public interface Agent extends java.io.Serializable {
    void run();
}
```

启动一个 Agent 也就创建了实现 Agent 的接口、找到服务器、激活接受该 Agent 对象的类。该 Agent 的执行程序将被下载到服务器上运行，accept 方法将启动一个该 Agent 的新线程，激活其 run 方法，从而使该 Agent 一直执行到 run 方法返回为止。Agent 可通过激活在另一台主机上运行的服务程序的 accept 方法而移植到该主机，而其本身则作为将被接受的 Agent 来传递，并结束其在原来主机上的线程。

客户(管理者)

1. 阅读服务器配置文件，以获得可用服务器的信息；

2. 创建一个 Socket 和输入/输出数据流数组对应于每个服务器，客户端对每个服务器产生一个线程，使之能够与这些服务器建立连接；

3. 把控制权交给 Master Agent，它包含并行应用的特定代码，其主要步骤是把一个大的应用划分成若干部分，并产生 SA 将这些部分传送给各个服务程序，然后等待回送计算结果。最后将计算结果合并，求得原问题的解；

4. 关闭所有与服务程序相对应的流和 Socket，注销所有的 SA。

服务程序(工作者)

1. 在一个未使用的端口上创建一个 Socket;

2. 等待在这个端口上的连接,一旦获得客户程序的连接请求,立即接受这个请求;

3. 为这个 Socket 建立一个输入流和输出流,为客户程序和服务程序之间通信奠定基础;

4. 接收 SA,把控制权交给 SA,它包含并行应用的实现代码,SA 定义一个线程类的子类,这样服务程序可以接受客户的连接请求,创建 Socket,然后处理客户程序的服务请求;

5. 回送处理结果,等待另一个客户连接。

6.3.3 任务模型

为了充分考虑任务的执行时间、任务间的通信时间以及处理机的计算能力三者之间关系,下面进一步对第四章 4.4 中冒泡迁移算法的主序列进行改造。改造的基本思想是:将主序列“二维化”。在主序列被生成后,就形成了一种顺序逻辑关系,但并非每个相邻的任务之间都要遵循这种顺序关系,因此在这里首先提出并行段的概念。

定义 6.1 并行段:并行段是一个可并行执行的任务序列,这个序列中的任务之间没有优先约束关系。

并行段的形成可以用如下算法完成:

1. 将开始节点作为第一个并行段中的一个节点;

2. 考查主序列中的下一个节点,如果该节点与当前并行段的任何节点都无优先约束关系,则将这个节点加入当前并行段;否则生成一个新的并行段作为当前并行段，该节点作为这个并行段的第一个节点；

3. 继续第 2 步，直到遇到第一个 OBN 节点为止；

4. 将主序列中所有 OBN 节点按其优先约束关系插入到各并行段中。

并行段形成后，就可得到可并行执行的逻辑分布单元，逻辑分布单元(分片)可表示为：

par _ id　　分片号
par _ stat　　状态
par _ pnext　　可并行分布单元的首指针
par _ snext　　后续分布单元的首指针
……

全体逻辑分布单元表可表示为如下所示的一个二维表：

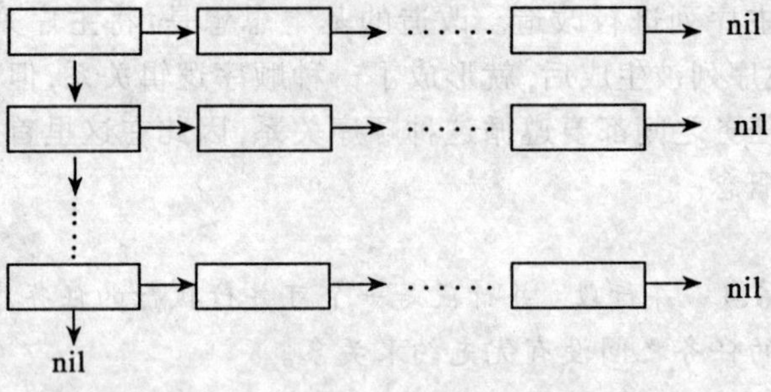

图 6.3　任务模型

其中横向队列表示可并行执行的分布单元，即一个并行段，纵向队列表示必须顺序执行的分布单元。

定义 6.2　通信量矩阵：在一个并行段中定义各并行分布单元间的数据通信量为 c_{ij}，由 $c_{ij}(1 \leqslant i, j \leqslant n)$ 组成的矩阵称为通信量矩阵。通信量包括两个分布单元通过共环境交换的信息。

定义 6.3　并行族：对于一个可并行执行的分布单元的集合，如果按如下的划分方法划分成若干个子集 π_m，π_m 满足：对任意 n_i、n_j 属于某个子集 π_m，则 c_{ij} 不为零或存在一个序列 $c_{ik1}, c_{k2k3}, \cdots, c_{knj}$ 都不为零，则这个子集就是一个并行族；当对于某个 i，c_{ij} 全为零时，则定义 $\{n_i\}$ 也为一个并行族。

从并行族的定义可以看出，在一个并行族内的分布单元都是要求同步执行的[105]，而并行族之间都是可异步执行的。

根据并行族的划分，将通信量矩阵经过一定行列变换，即可将对角线变为形如 $A_{11}, A_{22}, \cdots, A_{kk}$ 的小方阵或零矩阵，其中 A_{ii} 为某个并行族所对应的方阵，它的每行每列除对角元素外至少要有一个元素不为零。对角阵以外都是零元素，表示族与族之间无通信发生。A_{kk} 之后为零矩阵，表示对应的分布单元都是独立可异步并行执行的分布单元。例如：

例 6.1

$$\begin{pmatrix} 0 & 1 & 0 & 0 & 0 & 0 & 7 \\ 1 & 0 & 4 & 0 & 0 & 0 & 0 \\ 0 & 4 & 0 & 0 & 0 & 0 & 0 \\ 0 & 0 & 0 & 0 & 5 & 0 & 0 \\ 0 & 0 & 0 & 5 & 0 & 0 & 0 \\ 0 & 0 & 0 & 0 & 0 & 0 & 0 \\ 7 & 0 & 0 & 0 & 0 & 0 & 0 \end{pmatrix}$$

可转化为：

$$\begin{pmatrix} 0 & 1 & 0 & 0 & 0 & 0 & 0 \\ 1 & 0 & 4 & 0 & 0 & 0 & 0 \\ 0 & 4 & 0 & 0 & 0 & 0 & 0 \\ 7 & 0 & 0 & 0 & 0 & 0 & 0 \\ 0 & 0 & 0 & 0 & 0 & 5 & 0 \\ 0 & 0 & 0 & 0 & 5 & 0 & 0 \\ 0 & 0 & 0 & 0 & 0 & 0 & 0 \end{pmatrix}$$

该矩阵表示对应的并行段可以分解为有三个并行族。

6.4　调度策略与算法

6.4.1　调度策略

提出并行族的概念主要的理由是基于木桶原理[88],即要缩短执行时间最长的那个并行任务的执行时间,也就缩短了并行执行的总的时间。所以要考虑在资源确定的情况下,首先完成计算量最大的并行族。因此,在一个分布段中计算量大的并行族应优先分配到计算能力最强的处理机。又考虑到减少网络通信的开销,一个并行族应尽量分配到少量的处理机上执行,则通信量显然要小一些。为此目的,要计算网络资源的总计算能力,它是网络各个处理机的计算能力之和。然后要计算各并行族的计算量,由各并行族的计算量累加就得到一个分布段的总计算量。于是,每个处理机应完成的计算量=总计算量*(本处理机计算能力/网络总的计算能力),分配时可根据并行族的计算量和处理机应完成的计算量进行分配。具体分配策略为:

1. 检索网络资源,构造网络资源表,确定处理机的计算能力。

一个处理机的计算能力可设定为 Cpu, Ram, FreeDiskSpace 三

个因素的综合考虑,它是各处理机能力相对比较的一个指标,我们定义计算能力为:

计算能力 = α * Cpu 主频 + β * FR + γ * FD

其中

$$FR=\begin{cases}Rbase+(Ram-Rbase)*Rbase/Ram & Ram>Rbase\\ Ram & Ram\leqslant Rbase\end{cases}$$

$$FD=\begin{cases}Dbase & FreeDiskSpace>Dbase\\ FreeDiskSpace & FreeDiskSpace\leqslant Dbase\end{cases}$$

其中 α,β,γ 是调整 Cpu, Ram, FreeDiskSpace 三者在数量单位上的差别的参数, Rbase, Dbase 是基本的内存和剩余磁盘空间数量。这些参数都可以根据实际应用进行调整。

2. 根据通信量矩阵划分并行族。

3. 对于每个并行段中的并行分布单元估计它的计算量并计算各分布族的计算量。

4. 计算各个处理机应分担的计算量。

5. 根据各并行族的计算量和处理机分担的计算量进行预分配。

6. 在执行时实施基于 Agent 的动态分配。

在考虑预分配之前,须估计分布单元的通信量和计算量。我们记 $P_i.ca$, $P_i.prop$ 分别为处理机的计算能力和应分担的计算量, $t_i.cq$, $\pi_i.cq$ 分别为分布单元和并行族的计算量。在以上分配策略的第 5 步的预分配算法为下述并行族分配算法。

6.4.2　族分配算法

族分配算法

(1)在当前并行段取出计算量 $\pi_k.cq$ 最大的并行族和当前应分担计算量 $P_j.prop$ 最大的处理机。它们的下标分别为 k_0 和 j_0。

```
(2)if πk0.cq ≥ Pj0.prop then
    {πk0.cq = πk0.cq - Pj0.prop;
    Pj0.prop = 0; \\ 标记 Pj0 已分配
    add Pj0 to πk0.resourcelist;
    if π k0 > 0 then resort {πk.cq}
          \\ πk0需要分配更多的处理机,重排{πk.cq}
    else \\ πk0.cq = 0,标记 πk0 已分配
         add πk0 to Pj0.tasklist;
    }
else \\ 该处理机可以分给更多的并行族
   { Pj0.prop = Pj0.prop - πk0.cq;
   πk0.cq = 0; \\ 标记 πk0 已分配
   add πk0 to Pj0.tasklist;
   resort {Pj0.prop}
   }
```

(3)如果还有并行族未分配且剩余的 $P_j.prop$ 足够分配，转(1)；否则终止。

这个分配算法的结果会出现两种情况：

(a)某些并行族的计算量不大，使得一个或多个并行族分配到一个处理机。此时，就可以确定这个或这些并行族中的分布单元被分配到一个处理机。

(b)一个并行族分配到几个处理机，此时需要在族内进行再分配。在这里我们不考虑分布单元执行时的动态迁移，一个分布单元的计算只在一个处理机上完成。所以，一个并行族不管它的计算量有多大，它分配到处理机数目不会多于它的分布单元数。

设有 j 个处理机分配给并行族 π_{k0}，族内再分配时 $P_j.prop$ 为

原来的值，其分配的算法为下述族内分配算法。

6.4.3　族内分配算法

族内分配算法

(1)在当前族中取出当前应分担计算量最大的处理机 P_{j0}；

if $\{t_k.cq \leqslant P_{j0}.prop\} \neq \{\ \}$

then $t_{k0} = \max_k\{\Sigma_j c_{kj} \mid t_k.cq \leqslant P_{j0}.prop\}$

\\\\ 从中取出通信量最大的分布单元 t_{k0}

else goto (5) \\\\ 只剩下少量资源

(2) add t_{k0} to P_{j0}.tasklist； \\\\ t_{k0}已分配到 P_{j0}

if t_{k0}与前趋节点通信量较大且前趋节点所在的处理机的计算量未饱满

then 将 t_{k0}迁移到前驱节点所在的处理机上。

(3)if $t_{k0}.cq = P_{j0}.prop$ then $P_{j0}.prop = 0$；

\\\\ 标记 P_{j0}已分配完

else $\{P_{j0}.prop = P_{j0}.prop - t_{k0}.cq$;

re－sort $\{P_j.prop\}$ }

\\\\ 该处理机可能分给更多的分布单元

(4)if 还有 t_k 未分配 then goto (1)

else 结束

(5)将剩下分布单元按计算量的大小和处理机节点应分担的计算量的大小分配。

6.4.4　动态分配算法

预分配只是从宏观上粗略地分配，其出发点是遵循木桶原理和减少通信开销，避免盲目的分配。但由于估计计算量不可能十分准确，同步机制（例如 Ada 中的远程回合[9][2]），使得有的分布单元执行速度下降，从而使耗费增加。要提高分布计算效率，还要根据动态执行情况来分配分布单元，所以将预分配与基于Agent动态分配相结合，即在预分配之后，通过基于 Agent 的通信来了解动态执行信息然后再进行分配。为此，再作如下定义。

定义 6.4 一个处理机 P_j 的分布执行完成率 P_j.rate 定义为 P_j.tasklist 中未分布出去的分布单元的计算量之和除以 P_j.prop。

分配策略的第 6 步为如下基于 Agent 的动态分配算法。

动态分配算法

(1)当分布系统的某处理机 P_j 出现空闲时，Agent 立即向管理者报告，管理者查找 P_j.tasklist，查看所有预分给该站点的分布单元是否已全部分派完毕：

- 若未分派完毕，则选择计算量最大的那一个分布单元分配之。
- 若已分派完毕，则计算整个分布段中未完成执行的节点的 P_k.rate，在最大者对应的处理机的 tasklist 中选择一个计算量最大的分布单元分配到 P_j。

(2)重复第(1)步直到该并行段的所有分布单元执行完毕。

以上几个算法的终止性是显然的，因为算法的每次循环都分配一个分布单元，所有的分布单元分配完后终止。算法最大的复杂度包括族间分配和族内分配在内不超过 $O(n^{1.5})$。

6.5 示例与分析

下面首先定义一个衡量预分配的指标。

定义 6.5 将预分配后剩余不为零的 P_i.prop，t_j.cq，π_k.cq 三

者之和定义为不均衡度。其中 $\pi_k.cq$ 和部分 $P_i.prop$ 是未进行族内分配产生的。

例 6.2　某个分布段有7个分布单元 $t_1,\cdots,t_7$,对应的计算量为(3,3,2,4,5,3,5),其通信量矩阵如例1所示,构成的并行族为:$\pi_1=\{t_1,t_2,t_3,t_4\}$,$\pi_2=\{t_5,t_6\}$,$\pi_3=\{t_7\}$,对应的计算量为:$\pi_1.cq=12$,$\pi_2.cq=8$,$\pi_3.cq=5$,有4台处理机,相应的计算能力5,4,3,3,应分担的计算量为:

$P_1.prop=8.3$,$P_2.prop=6.7$,$P_3.prop=5$,$P_4.prop=5$

跟踪分配算法1,并行族的分配步骤为:

(1)将 π_1 分配给 P_1,$\pi_1.cq-P_1.prop=12-8.3=4.3$,$P_1.prop=0$;

(2)将 π_2 分配给 P_2,$\pi_2.cq-P_2.prop=8-6.7=1.3$,$P_2.prop=0$;

(3)将 π_3 分配给 P_3,$P_3.prop-\pi_3.cq=5-5=0$,$\pi_3.cq=0$,$P_3.prop=0$;

(4)继续将 π_1 分配给 P_4,$P_4.prop-\pi_1.cq=5-4.3=0.7$,$\pi_1.cq=0$;

分配关系是:$\pi_1:\{P_1,P_4\}$　$\pi_2:\{P_2\}$　$\pi_3:\{P_3\}$

对于 π_1 还需要在族内进行分配,跟踪分配算法2步骤为:

(1)$P_1.prop=8.3$ 最大,t_1,t_2,t_3,t_4 的计算量都小于8.3,而 t_1 的通信量 $c_{12}+c_{14}=8$ 为最大,$t_1\rightarrow P_1$,$P_1.prop-t_1.cq=5.3$

(2)当前 $P_1.prop=5.3$ 最大,计算量小于5.3的分布单元中 t_4 的通信量 $c_{41}=7$ 为最大,$t_4\rightarrow P_1$,$P_1.prop-t_4.cq=$

$5.3-4=1.3$

(3)当前 $P_4.prop=5$ 最大，$t_2.cq, t_3.cq$ 都小于 5，t_2 的通信量 $c_{21}+c_{23}=5$ 较大，$t_2 \to P_4$，$P_4.prop-t_2.cq=5-3=2$

(4)当前 $P_4.prop=2$ 最大，只剩下 t_3 未分配，$t_3 \to P_4$，$P_4.prop-t_3.cq=2-2=0$

整个分配算法形成的分布为：$\{t_1, t_4\} \to P_1$，$\{t_5, t_6\} \to P_2$，$\{t_7\} \to P_3$，$\{t_2, t_3\} \to P_4$。

如果不考虑通信量的问题，只考虑均衡分配，则分配后结果为：$t_1.cq=t_2.cq=t_4.cq=t_5.cq=t_7.cq=0$，$t_3.cq=0.3$，$t_6.cq=1$，$P_1.cq=0.3$，$P_3.cq=1$，$P_2.cq=P_4.cq=0$，形成的分布为：$\{t_2, t_5\} \to P_1$，$\{t_7, t_3\} \to P_2$，$\{t_4\} \to P_3$，$\{t_1, t_6\} \to P_4$。

比较两种分配结果的不均衡度，前者为 $1.3+1.3=2.6$，后者为 $0.3+0.3+1+1=2.6$。但比较它们的通信量，前者只有 $c_{12}=1$ 是跨站点的通信量，而后者为 $c_{12}+c_{23}+c_{14}+c_{56}=18$。

例 6.3 为验证算法，对计算所有点对的最短路径(All-pairs Shortest Path)的 Floyd 串行算法进行改造，将矩阵分割成若干互不重叠、维数不尽相等的矩阵，以形成计算量和通信量不尽相同的并行分布单元。由于该问题的简洁性，容易计算各矩阵时的相对计算量和通信量。而且这个例子非常具有代表性，它代表了一大类典型的可分解成二维结构的计算任务，即这些计算可分解为一系列迭代计算，这些计算必须顺序进行，而每个迭代步骤则可以分解成若干可并行执行的任务。最短路径问题的任务结构可用图 6.4 来描述。

其并行算法为：

```
for k = 1 to n do
    for i = 1 to m parallel do
        读计算 Pi^k 所需数据；
```

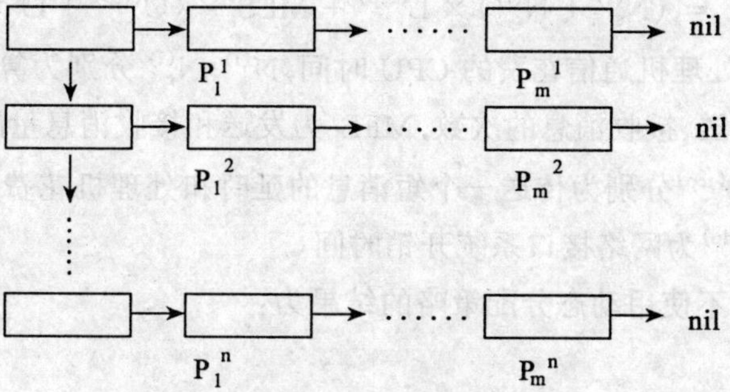

图 6.4　求解最短路径问题的任务模型

```
        计算 P_i^k
    endfor
endfor
```

将该算法放在 4 个站点上执行，跟踪分布执行情况，按文献[89]的评价准则计算负载平衡效率 E_{load}、通信效率 E_{comm} 和并行计算效率 E_{para}。它们的计算公式为：

$$E_{load} = \frac{\sum_{i=1}^{P}(t'_i + t_i^{(comm)})}{\max_i\{t'_i + t_i^{(comm)}\} \times P}$$

$$E_{comm} = \frac{\sum_{i=1}^{P}(t'_i + t_i^{(comm)})}{T \times P}$$

$$E_{para} = \frac{\sum_{i=1}^{P} t'_i}{T \times P}$$

其中

P 为处理机台数，t'_i 为并行算法在第 i 台处理机中的计算 CPU 时间；

T 为并行算法执行时间

$$t_i^{(comm)} = (N_s^{(i)} + N_r^{(i)}) \times L^{(tcp)} + MES_i \times (O^{(tcp)} + O^{(udp)})$$

为第 i 台处理机通信花费的 CPU 时间，$N_s^{(i)}$，$N_r^{(i)}$ 分别为算法运行过程中发送、接收消息的次数，MES_i 为发送和接收消息量的总和，$L^{(tcp)}$和 $O^{(tcp)}$分别为传送一个短消息的延时和处理机花费的 CPU 时间，$O^{(udp)}$为网络接口系统开销时间。

统计不使用动态分配策略的结果为：

表 6-1　　**不使用动态分配策略的各种效率**

节点数 n	E_{load}	E_{comm}	E_{para}
100	0.66	0.55	0.32
200	0.63	0.59	0.40
300	0.61	0.72	0.47
400	0.57	0.80	0.51
500	0.52	0.83	0.54

使用动态分配策略的结果为：

表 6-2　　**使用动态分配策略的各种效率**

节点数 n	E_{load}	E_{comm}	E_{para}
100	0.89	0.67	0.32
200	0.90	0.70	0.44
300	0.92	0.82	0.53
400	0.93	0.86	0.59
500	0.93	0.91	0.67

其中 E_{load}提高较快主要是由于 $\max_i\{t'_i + t_i^{(comm)}\}$下降，即处理机

的执行时间和通信时间之和最大者下降。

6.6 小　结

文献[89]指出,在总线结构下,通信是分布计算的瓶颈之一,因此尽量减少通信量是提高分布计算效率的有效途径。本章所讨论的调度算法是一个基于 Agent 的静态与动态调度相结合的算法。为了避免盲目调度,首先采用静态预分配算法,它的指导思想是在计算量均衡的情况下,减少通信量。预分配时利用了第五章 5.4 中的方法,对 CPN 主序列进行并行性分析,在进行计算量的均衡分配的同时,进一步采用了第三章的冒泡迁移启发式方法中减少通信量的思想来指导下一个并行段的分配,即在分布单元分配时尽量把它分配到它的前驱分布单元所在的处理机上,进一步减少数据通信量。在静态调度完成后,为了弥补静态分配的不足,采用了 Agent 技术实施动态负载平衡。实验表明这种静态与动态调度相结合的方法对于提高调度的效率非常有效。对迭代计算步骤可分解为并行计算任务的这类计算,使用 Agent 技术比不使用 Agent 技术的调度方法,在负载平衡效率、通信效率和并行效率方面都有较大幅度的提高。本章提出的调度算法可适用于 NOWs 和基于 Internet 的网络,不需要强大的服务器支撑。

第七章 具有AND/OR优先约束关系的调度问题

前面几章探究表调度算法和基于Agent的动态调度算法，这些算法都是针对一般任务图的调度问题，这些任务图都可以用DAG表示。从这一章开始，我们将面向一个特殊的问题领域的任务类型——具有AND/OR优先约束关系的任务[11][12]，研究它的调度问题。由于这类问题表达了不同的应用背景，不能简单地用DAG表示出来，所以必须针对其特殊性，进行调度问题的研究。

7.1 AND/OR调度问题的定义

7.1.1 定义和术语

下面定义在本章和后面几章中要用到的一些术语。

定义7.1 对于$t_i \prec t_j$，如果不存在t_k，使得$t_i \prec t_k \prec t_j$，则t_i是t_j直接先辈。为了简单起见，常常把直接先辈称为前驱。

定义7.2 如果任务t_j的执行要在它的所有直接先辈完成之后才能开始，则t_j是AND任务。

定义7.3 如果任务t_j的执行在它的某个直接先辈完成之后就能开始，则t_j是OR任务。

定义 7.4　如果在任何时候都成立 $t_k \prec t_i$ 且 $t_k \prec t_j$，就有 $t_i \prec t_j$ 或 $t_j \prec t_i$，则这个偏序关系称为 IN-FOREST。

定义 7.5　如果一个偏序关系只有惟一一个节点没有后继，则这个偏序关系称为 IN-TREE。

定义 7.6　一个偏序关系可由一个加权有向图表示：

$$G=(T, A, P, \Pi)$$

在这个图中，T 是任务集，A 是弧集，节点 $t_i, t_j \in T$ 是任务集中的任务，如果偏序关系中 t_i 是 t_j 的直接先辈，则 $(t_i, t_j) \in A$。集 $P=\{P_1, P_2, \cdots, P_n\}$ 表示处理时间集。$\Pi=\{\pi_1, \pi_2, \cdots, \pi_n\}$ 中的元素分别表示在一个任务开始之前必须完成的直接先辈任务的个数。

定义 7.7　一个 AND/OR 任务图与一个限时集 $D=\{d_1, d_2, \cdots, d_n\}$ 一起，形成一个二元组 (G, D)。这个二元组刻画的调度问题，称为具有 AND/OR 约束的任务系统。

定义 7.8　一个任务如果没有后继节点，则是最大任务，一个任务如果没有先辈节点，则是最小任务。

在任务图中，所有的最大的任务可划分为基本的 (Essential)，这意味着它们是一定要执行的。如果一个 AND 任务是基本的，则它的直接先辈也是基本的。如果一个 OR 任务 t_j 是基本的，则调度算法必须选择一个直接先辈 t_i 为基本的，并在调度任务时，保存 $t_i \prec t_j$ 的优先约束关系。

如果一个节点没有划分为基本的，则它是非基本的。

为了区分这两类任务系统，分别把它们称为可跳过的 (Skipped) 和不可跳过的 (Unskipped)。在可跳过的任务系统中，非基本任务可以跳过，即可以不执行这些任务。然而在不可跳过的任务系统中，非基本任务最终会被执行。

图 7.1 描述了一个不可跳过的 AND/OR 任务系统。图中 AND 任务由一个圆表示，OR 任务由方框包含一个圆表示，各任务

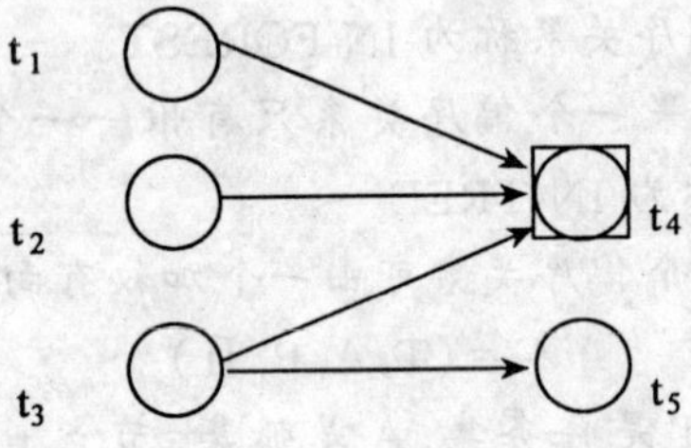

图 7.1(a) 任务图

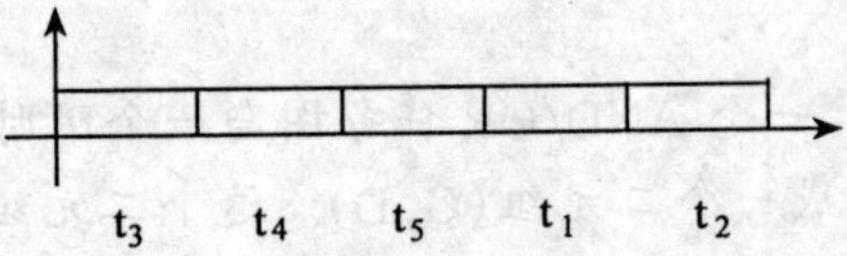

图 7.1(b) 不可跳过的 AND/OR 调度

标记为(名字,长度),例如(t_1,L)表示任务 t_1 需要 L 个单位处理时间。在某些图中,任务可能标记为(名字,限时)。如果从图中省略了长度,则表示长度为 1。本例图中处理时间约定为 1。如果 $(t_i, t_j) \in A$,则有从 t_i 到 t_j 的一个弧。在任务图中,一个指向 OR 任务的弧称为 OR-入弧(OR in-arc)。图中,t_4 有三个 OR 入弧。类似地,可以定义 AND 入弧。图 7.1(b)表示对图 7.1(a)所示的不可跳过的任务系统的调度。在这个调度中,t_3 是一个基本任务,t_1, t_2 是非基本任务。如果 7.1(a)描述的是一个可跳过的任务系统,则从图 7.1(b)中去掉 t_1、t_2 就可以得到一个可跳过的任务系统的调度。

这里假定每个任务的就绪时间为零,每个 OR 任务在它的某个前驱任务执行完毕后,就可以立即执行。同时假定对许多问题所有的任务都有一个共同的限时。寻求一个满足共同的限时的调度问题等价于减少总完成时间的调度，即确定在一定的限时内，最后一个任务尽早完成。

前面几章讨论过的许多启发式算法，其目的是不让计算机有空闲时间，这些算法称为优先驱动算法。只要有处理机可以利用，优先驱动算法将已就绪的优先级最高的任务进行调度。这就是第四章所讨论的表调度算法，由表调度算法所产生的调度称为表调度，完成 T 中所有任务的执行时间称为调度长度。由于这些算法都是试图作出局部最优决策，所以表调度算法也称为贪婪算法。

定义 7.9 定义 $Succ(G, t_i) = \{t_j \mid (t_i, t_j) \in A, t_i \in T(G)\}$ 表示 t_i 的直接后继的集合。

定义 7.10 $Pred(G, t_i) = \{t_j \mid (t_j, t_i) \in A, t_i \in T(G)\}$ 表示 t_i 的直接先辈的集合。

设 $T = (Ta, To)$ 表示将所有的任务划分成 AND 任务(具有 $\pi_i = |Pred(G, t_i)| > 1$)的集合和 OR 任务(其 $\pi_i = 1$)的集合。一个 AND/OR 图 $G = (T, A, P, \pi)$ 可以看做是 $\prod_{T_i \in To} |Pred(G, t_i)|$ 的一个集合。

本书后续的几章的算法完成下述两个功能之一：

- 从具有 AND/OR 图 G 所描述的特性的集中，选择一个纯 AND 图；
- 找出每个从 AND/OR 图 G 抽取的纯 AND 图所具有的性质。

下面要定义一些用于选择纯 AND 图的量。

定义 7.11 定义 $L(G, t_j)$ 为 G 中以 t_j 为终点的最长有向路径的长度。$L(G, t_j)$可精确地描述为：

如果 t_j 没有先辈，则 $L(G, t_j) = P_j$；

如果 t_j 有先辈，则 $L(G, t_j) = P_j + \max_{T_k}\{L(G, t_k) \mid (t_k, t_j) \in A\}$

定义 7.12 设 $L^*(G) = \max\{L(G, t_j) \mid t_j \in T\}$

为图 G 中长度最长的路径；

$E^*(G) = \sum_i P_i - L^*(G)$

表示纯 AND 图的“剩余”处理时间，即总处理时间减去最长任务链的处理时间。

下面将用 $L^*(G)$和 $E^*(G)$作为衡量纯 AND 图的测度，并证明具有最小测度的纯 AND 图可以产生接近最优的优先驱动调度。

7.1.2 等价问题及形式化

1. AND/OR 图与阈图

本书要考虑两种任务系统：AND/OR 图及其阈图。这里有必要将任务划分为两个互不相交的集合，即：

$T = Ta \cup To$

其中，Ta 是 AND 任务集，To 是 OR 任务集。并约定如果一个任务没有或只有一个先辈任务，则这个任务属于 Ta，这是 AND/OR 任务系统最简单的特例。

在有些问题中，t_i 可能要在 π_i 个先辈任务完成之后就开始执行，$0 \leqslant \pi_i \leqslant Pred(G, t_i)$，$\pi_i$ 表示在 t_i 执行之前所必须执行的直接前驱任务的个数。一个具有 $\pi_i \in \{1, Pred(G, t_i)\}$ 的图被看做是 AND/OR 图，一个具有 $0 \leqslant \pi_i \leqslant Pred(G, t_i)$的图被看做是阈图(Threshold Graph)，因为，一旦前驱任务的数目超过一定的阈值，这个任务就可以被执行。本书有些算法将阈图作为输入图。

2. AND/OR 弧

在有的 AND/OR 模型中，一个节点既有 AND 弧又有 OR 弧。

这里所使用的模型可以用处理时间为零的 OR 任务来模拟，图 7.2 描述了转换方法。

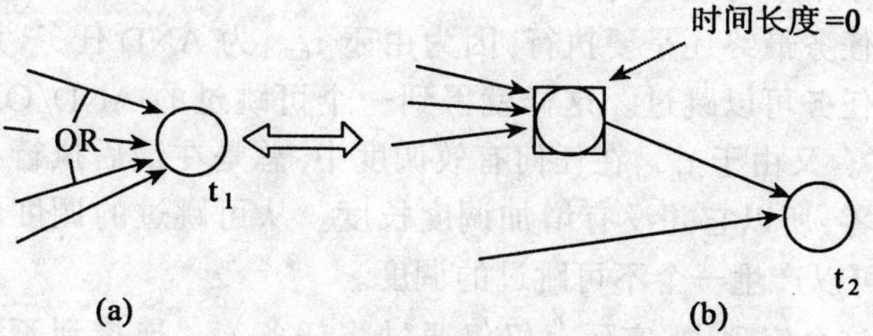

图 7.2 将 AND/OR 弧转换 AND/OR 任务

图 7.2(a)中，t_1 有 4 个前驱，其中 3 个前驱由 OR 弧连接，1 个由 AND 弧连接。它表示与 OR 弧相连接的任务只要有一个在 t_1 之前执行，且与 AND 弧连接的前驱也在 t_1 之前执行，则 t_1 就可以开始执行。图 7.2(b)增加了一个执行时间为零的 OR 任务，用于构造一个等价的 AND/OR 任务图。在对这个可跳过的 AND/OR 图的调度产生之后，再将这个 OR 任务删除，就可以得到关于 AND/OR 弧的调度问题。

3. 可跳过与不可跳过的任务系统

在许多情况下，可跳过的 AND/OR 和不可跳过的 AND/OR 任务会出现在同一个任务图中。下面定理表明不可跳过的 AND/OR 问题与可跳过的 AND/OR 问题都属于同一类性质的问题。定理同时也说明了，调度可跳过的 AND/OR 任务系统的算法也可用于调度同时包含可跳过和不可跳过任务的任务系统。

定理 7.1 设 G 为不可跳过的 AND/OR 任务系统，则存在一个可跳过的 AND/OR 任务系统 G′具有下述性质：对每个长度为 K 的 G 的调度，存在长度为 K 的 G′的调度，并且 G′的优化调度可以在确定时间内转化为 G 的优化调度。

证明：在任务图 $G=(T,A,P,\Pi)$ 上增加一个新的 AND 任务 t_{n+1}，其处理时间 $P_{n+1}=0$，而且 t_{n+1} 为所有 $t_i\in T$ 的后继任务。这样就将原来不可跳过的任务改为可跳过的任务，但事实上这种可跳过的任务最终还是要执行，因为由于 t_{n+1} 为 AND 任务，所以没有一个任务可以跳过。这样就得到一个可跳过的 AND/OR 任务系统 G'。又由于 t_{n+1} 在任何有效调度中，总是在最后执行且执行时间为零，所以它并没有增加调度长度。从可跳过的调度中去掉 t_{n+1} 就可以产生一个不可跳过的调度。

在这个定理中，实际上仅仅通过将任务 t_{n+1} 连接到不可跳过的 AND/OR 任务上，一个可跳过的 AND/OR 算法就可以既用于可跳过的 AND/OR 任务，又可以用于不可跳过的 AND/OR 任务。因而本书的最后几章大多数算法针对可跳过的 AND/OR 调度问题。

7.2　其他调度问题之间的关系

用于调度纯 AND 任务系统已研究出许多技术，例如，限时修改和约束修改技术。但这些技术难以用于 AND/OR 任务系统的调度。

7.2.1　限时修改（Deadline Modification）

限时修改是用于在一台或两台处理机调度满足一定限时要求的纯 AND 任务图的优化算法。单处理机算法的步骤为：

1. 按照下列规则反复修改时间限制：

   如果一个任务 t_j 有前驱任务 t_i，则 $d_i \leftarrow \min(d_i, d_j - p_j)$

2. 去掉优先约束关系，并且按最早限时优先（earliest-deadline-first）规则来调度任务系统。

这种技术不能用 AND/OR 优先约束关系的任务系统，其障碍是这个规则只能用于只有一个直接前驱的 OR 任务，但除非是 P = NP，否则不可能在多项式时间内决定哪一个直接先辈应该修改时间限制。实际上，下一节我们将会讨论到，单处理机的 AND/OR 优先约束关系的任务系统调度问题也是一个 NP-Hard 问题 [22]。

7.2.2　优先约束修改（Precedence Constraint Modification）

优先约束修改技术用于将减少完成时间的优化算法转换成满足一定限时要求的优化算法。假设有一个优化算法，其目的是在满足优先约束关系条件下，把一个任务系统调度到 m 个处理机。设这个任务系统中，$T=\{t_1,\cdots,t_n\}$，它们有不同的限时约束：$d_1 \leqslant d_2 \leqslant, \cdots, \leqslant d_n$。如果有可能将这些任务调度到 m 个处理机上，而且满足相应的限时要求，在这个前提下，要减少完成时间可按下述方式调度：

1. 将一个任务链 $t'_1 \prec t'_2 \prec \cdots \prec t'_n \prec t'_{n+1}$ 增加到 T 中，相应的长度为 $d_1, d_2-d_1, \cdots, d_n-d_{n-1}, 0$；
2. 在修改的任务系统中，对所有的 i，将 t'_{i+1} 作为 t_i 的后继；
3. 将减少完成时间的优化算法用在 m + 1 个处理机上，调度修改后的任务系统。

显然，如果 t'_{n+1} 在 d'_n 时刻执行完毕，则所有的任务都满足限时要求。

这种方法也不能适用于可跳过的 AND/OR 任务系统。虽然优先约束修改可以有效地将可跳过的 AND/OR 任务系统转化为不可跳过的 AND/OR 任务系统。但在修改后的任务图中，每个任务都是基本任务，这样就不可能使用通过修改可跳过的 AND/OR 任务系统约束关系来减少完成时间的算法。

7.3 AND/OR调度问题的时间复杂性

本节要讨论AND/OR调度问题的时间复杂性问题，只要证明在单处理机上这个问题是NP-完全的，也就证明了在多处理机系统上这个问题也是NP-完全的。因为增加并行性并不能解决NP-完全问题。实际上，AND任务和OR任务出现在同一个图中时，只会增加问题的复杂性，所以AND/OR调度问题比纯AND优先约束调度问题更复杂，也是NP-完全的。这也表明，在求解这些问题时，必须使用启发式方法。这些方法将在后面两章进行讨论。

第二章2.3.1中已经指出，在一个处理机或两个处理机上，对于纯AND优先约束，具有相同执行时间的任务调度和无限定时间的任务调度的时间复杂性为多项式时间[42][55]。那么，相应的AND/OR调度问题是否有同样的结果呢？答案是否定的，即使是所有的限时都是相同的，该调度问题也是NP-完全的。这个事实可表述为如下定理。

定理7.2　在可跳过的AND/OR和不可跳过的AND/OR任务系统中，所有的任务都有相同执行时间时的优化调度问题是NP-完全的。

证明：只要证明该问题在单处理机上是NP-完全的。这个证明的基础是把调度问题简化为精确3-覆盖问题(X3C)。设一个超图为H=(V, E)，它具有3n个节点和一个超边集，每条边正好与3个节点对应，现在的问题是要找到一个恰有n条边的集合正好覆盖所有的节点。这个问题已知是NP-完全的[43][16]。

X3C问题可以按如下方法转化成AND/OR调度问题：创建一个任务系统G，它仅包含单位执行时间的任务。在任务系统中对H的每个节点v_i有一个OR任务t_i对应。对一个与v_i, v_j, v_k相连接的超边，创建一个 AND 任务 $t_{i,j,k}$。它的后继任务是 OR 任务 t_i，t_j 和 t_k。

图 7.3 就是这种转化的一个例子。

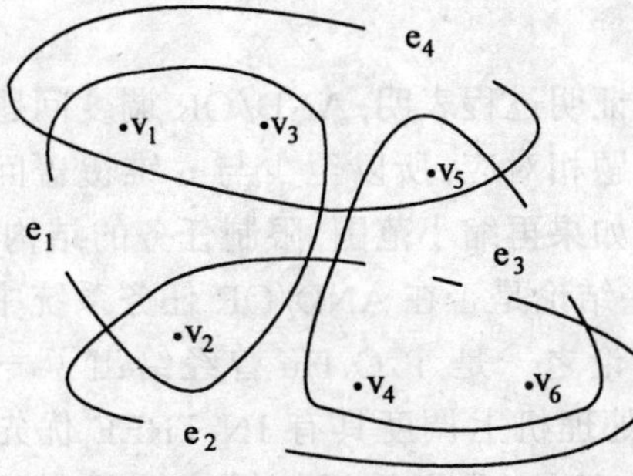

(a) 3-覆盖问题

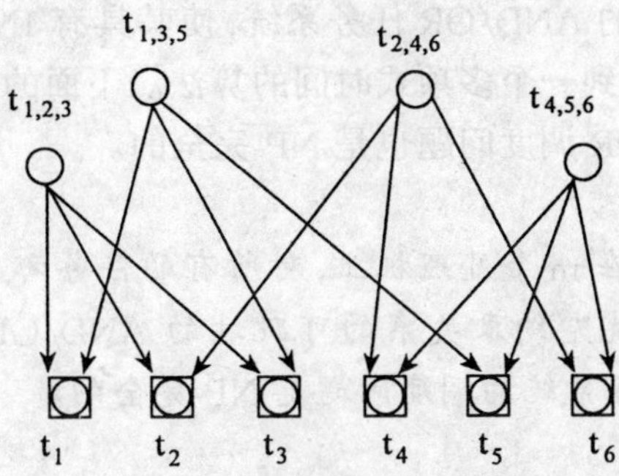

(b) AND/OR 任务系统

图 7.3　3-覆盖集到 AND/OR 任务图的转换

现在要考虑对所构造的 AND/OR 任务图是否存在一个优化调度，即最小的调度。显然，如果对于超图 H 有一个精确的 3-覆盖集，则相对应于这个覆盖的 n 个 AND 任务的执行时间在区域 [0, n] 内，因而允许 3n 个 OR 任务可以在时间 4n 之内完成。如果找不出这样的 n 个任务存在，则至少需要 n + 1 条边来覆盖超图，因此，对所有的 OR 任务，至少需要 n + 1 + 3n 单位时间才能完成。

这不是最小的调度。于是,如果要产生一个优化调度,应存在一个精确的 3-覆盖;如果没有这样的覆盖存在,则调度失败。

由于可跳过的 AND/OR 问题涵盖了不可跳过的 AND/OR 问题,所以后者相应的调度问题也是 NP-完全的。

以上定理的证明过程表明,AND/OR 调度问题一个子集与一般的 n 维覆盖问题相对应,所以至少与 n 维覆盖问题有一样的复杂性。那么现在如果再缩小范围,限制任务的结构,然后检查在纯 AND 图下的一些结论是否在 AND/OR 任务系统中也成立。其中一个很著名的结论之一是 T.C.Hu 曾经给出了一个多项式时间的算法,在 m 个处理机上调度具有 IN-TREE 优先约束关系的纯 AND 任务系统。于是,我们希望如果能够限制可跳过的 AND/OR 或不可跳过的 AND/OR 任务系统,使其具有 IN-TREE 结构,看看是否能够找到一个多项式时间的算法。下面的定理进一步表明,这个 AND/OR 调度问题也是 NP-完全的。

定理 7.3 在 m 个处理机上,对所有的任务都有相同执行时间和 IN-TREE 优先约束关系的可跳过的 AND/OR 和不可跳过的 AND/OR 任务系统的调度问题是 NP-完全的。

证明:正如第一章调度目标所指出的,这里的调度问题是求得最小完成时间。其证明是以将调度问题规约到 3SAT 问题为基础的。

首先,对可跳过的 AND/OR 任务系统给出其证明。设有一个 3SAT 问题的实例,它具有 k 个布尔变量和 n 个子句,并设有一个 $m=k+1$ 的多处理机系统。现在要产生 k 个 OR 任务 t_i。对于每个出现在 l_i 个子句中的变量 x_i,要产生一个 IN-TREE,它包含一个 OR 任务和两个长度为 l_i 的任务链。其中一个链对应于该变量为“真值”的子句,另一个链对应于该变量为“假值”的子句。因而,在所有的链中有3n个任务与真值对应,有3n个任务与假值对应。所有的OR任务 $t_1,\cdots,t_k$ 有一个共同的AND后继 t_{k+1}。图7.4给出了这样一个例子。

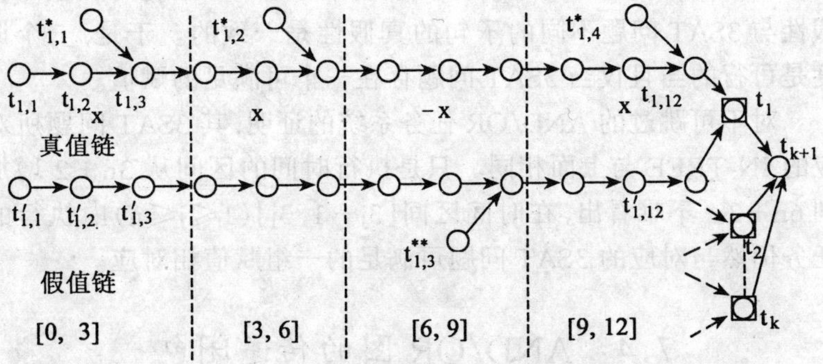

图7.4 在m个处理机上调度IN-TREE结构下的可跳过的AND/OR任务系统

在这个例子中,有4个子句。对每个3SAT子句,我们指定从时间0开始,每3个单位时间为一个区间对应一个子句,因此时间区间可以划分为[0,3],[3,6],…,[3n-3,3n]分别对应于子句1,子句2,…,子句n。如果一个变量的正文字出现在子句j中,则在 $t_{i,3j+1}$ 之前增加一个任务 $t^*_{i,j}$;如果一个变量的负文字出现在子句j中,则在 $t'_{i,3j+1}$ 之前增加一个任务 $t_{i,j}{}^{**}$。

在图7.4中,变量x出现在3SAT表达式的前4个子句中。在子句1和子句4中为正文字,在子句2和子句3中为负文字。相应增加的任务为 $t_{1,1}{}^*, t_{1,1}{}^{**},\cdots$。

在这个问题任何可行的可跳过的AND/OR调度中, t_i 之前的两个链只执行一个。因而k个链(不包括 $t_{i,j}{}^*, t_{i,j}{}^{**}$)的执行长度都为3n。

假定一个调度算法能够找到一个可行的调度,在时间3n+2内执行完毕。那么,可以在k个处理机上在时间区间[0,3n]内完成这 k 个真值或假值所对应的任务。在第 $k+1$ 个处理机上执行类型为 $t_{i,j}{}^{*}$ 和 $t_{i,j}{}^{**}$ 任务。于是,在第 $k+1$ 个处理机上在时间区间$[3j-1,3j]$内所执行的任务对应于一个变量的正文字或负文字能够使得 3SAT 问题的第 j 个子句为真。这个任务链的变量的真假性与 3SAT 问题不同的子句的真假性是一致的。于是,一个调度是可行的当且仅当 3SAT 问题存在一个可满足的赋值。

对不可跳过的 AND/OR 任务系统的证明,其 3SAT 问题所对应的 IN-TREE 与上面相同。只是执行时间的区间从 $3n+2$ 增加到 $6n+2$。不难看出,在时间区间$[3j-1,3j]$$(1\leqslant j\leqslant n)$内执行的任务仍然与对应的 3SAT 问题可满足的一组赋值相对应。

7.4 AND/OR 图的传递闭包

本节要描述一个计算 AND/OR 图的传递闭包的快速算法。该算法是 Warshall 计算传递闭包[71]算法的改进。类似于 Warshall 的算法,该算法的计算复杂性为 $O(n^3)$。由于算法的实现比较精细,该算法比 Warshall 的 AND/OR 图算法要快。但从另一方面看,该算法需要三个大小为 n^2 的矩阵,比 Warshall 算法需要的矩阵要占用更多的存储空间。

7.4.1 AND/OR 图的传递闭包的定义

设 $G=(T,A,P,\Pi)$为一个 AND/OR 图,又设 $T=Ta\cup To$ 表示将任务划分成 AND 和 OR 两个任务集。再设 $\Pi=\{\pi_1,\pi_2,\cdots,\pi_n\}$ 表示对每个 OR 任务 t_i 开始之前必须完成的前驱任务的个数的集合。在 AND/OR 图中,对于 OR 任务,$\pi_i=1$;对于 AND 任务,$\pi_i=\text{Pred}(G,t_i)$。

定义 7.13 设 Map(G)是将 G 映射为一个纯 AND 图的函数。换句话说,如果 t_j 是一个 AND 任务,则边(t_i,t_j)属于 G 当且

仅当(t_i, t_j)属于 Map(G)；如果 t_j 是一个 OR 任务，则 Pred(Map(G), t_j)$\subseteq$Pred(G, t_j)，并且对于阈图 Pred(Map(G), t_j) = π_j，对于 AND/OR 图，Pred(Map(G), t_j) = 1。

设 A(G)表示图 G 的边集，T(G)表示传统 AND 图的传递闭包，即(t_i, t_j)属于 A(T(G))当且仅当 G 中存在从 t_i 到 t_j 的一条路径。

一个 AND/OR 图的传递闭包定义如下：

定义 7.14 如果 t_j 不属于 Ta，则一条边(t_i, t_j)属于 A(T^*(G))当且仅当对每个 Map(G)，(t_i, t_j)属于 A(T(Map(G)))，换句话说，一条边属于可用于调度算法选择的每个隐含的纯 AND 图的传递闭包，则这条边属于一个 AND/OR 图的传递闭包。

7.4.2 算法描述

从实际需要出发，假定算法输入的是由表示任务的边所组成的表，再加上一个 KIND[ ]数组表示一个任务是 AND 任务还是阈值任务。于是，算法的第一步就是将边表转换成为布尔矩阵。首先我们非形式化地讨论一下布尔矩阵对于算法实现的必要性。并用图形加以说明。

定义 7.15 如果一条边连接的两个任务，在某个映射图中，一个任务可能是也可能不是另一个任务的前驱任务，则这条边称为可选边。

定义 7.16 如果连接两个任务的一条边，必定出现在每个映射图的传递闭包中，则这种边称为基本边。

在图 7.5(a)中，(t_1, t_3)和(t_2, t_3)都属于可选边。(t_1, t_3)属于

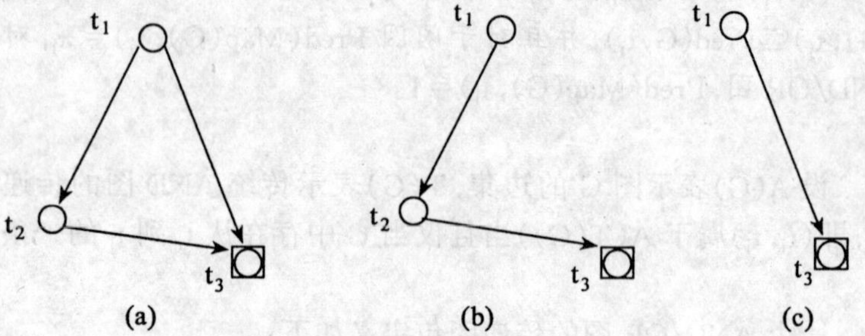

图 7.5　一个包含两种不同边的 AND/OR 图

基本边。因为不管 Map(G)选择子图 7.5(b)还是选择子图 7.5(c)都存在一条从 t_1 到 t_3 的路径。因此,需要表示边(t_1, t_3)的两种类型:基本类型和可选类型。还需要表示某个边并不存在。这就意味着至少需要表示边的三种类型,所以需要表示两个或多个布尔矩阵。

算法的主要步骤是将一个 AND/OR 图分解成基本图和可选图,然后将某些边从可选图移到基本图。

设 $M=(a_{ij})$表示基本布尔矩阵,其中,$a_{ij}=1$ 当且仅当(t_i, t_j)∈A 并且 $t_j \in Ta$;设 $N=(o_{ij})$表示可选布尔矩阵,其中,$o_{ij}=1$ 当且仅当(t_i, t_j)∈A 并且 $\pi_j < |Pred(G, t_j)|$。如果任务 t_j 在它的 π_j 个前驱任务完成后已经就绪,则某个任务 $t_k < t_j$ 总是 t_j 的前驱,当且仅当从 t_k 出发至少有 $b(j)=|Pred(G, t_j)|-\pi_j+1$ 条路径通向 t_j 的直接先辈。不难看出,如果一个图不是阈图,即是一般的 AND/OR 图,则对每个 OR 任务有:$\pi_j=1$,也就是说 $b(j)=|Pred(G, t_j)|$。

设 $M^*(G)$表示对应于 G 的传递闭包的布尔矩阵。一个 AND/OR 图的传递闭包是通过一系列的矩阵 $M_1=[a_{ij}^{(0)}]$, $M_1=[a_{ij}^{(1)}]$, …, $M_n=[a_{ij}^{(n)}]$,并按下述公式计算而来的:

$$a_{ij}^{(0)}=1 \quad \text{iff} \quad (t_i, t_j)\in A \text{ 且 } t_j \in Ta$$

$$o_{ij}=1 \quad \text{iff} \quad (t_i, t_j) \in A \text{ 且 } \pi_j < |Pred(G, t_j)|$$

$$a_{ij}^{(k+1)} = a_{ij}^{(k)} \vee \left[\sum_{T_l \in Pred(G, T_j)} a_{il}^{(k)} \wedge o_{lj} \geqslant b(j) \right] \qquad (7.1)$$

定理 7.4　一个广义的 AND/OR 图,经过(7.1)式的 n 次迭代可得到它的传递闭包,即:$M_n = T^*(G)$。

证明:下面用归纳法证明,$a_{ij}^{(k)}=1$ 当且仅当存在从节点 i 到节点 j 的路径,且中间节点取自于所有的 Map(G)图中的集{1,…,k-1}。

显然,当 n=1 时,$a_{ij}^{(1)}=1$ 当且仅当 j 是一个 AND 任务且在 G 中存在从节点 i 到节点 j 的直接路径。

假定 n 等于 k 时,结论成立。

当 n=k+1 时,由定义,或者有一条通过纯 AND 图中节点 1,…,k的路径,或者是在可选图中有多条通向 OR 任务 j 的 π_j 个直接先辈的路径时,$a_{ij}^{(k+1)}=1$, 换句话说,$|\{l: a_{il}^{(k)} \wedge o_{lj}=1, t_l \in Pred(G, t_j)\}| \geqslant b(j)$。这表明 $a_{ij}^{(k+1)}=1$ 当且仅当存在从节点 i 到节点 j 的路径,且中间节点取自于集{1,…,k}。

通过在后继矩阵中存储基本边,并且在前驱矩阵中存储可选边。算法的主要计算量在于多个 AND 操作,我们可以通过计数函数 AndCount( )来完成。

一个计算 AND/OR 图的传递闭包的简化算法的基本步骤如下。

AND/OR 图的传递闭包算法

输入:阈图 G=(T, A, Π)
输出:传递闭包布尔矩阵 M
变量:可选布尔矩阵 M, N; b[n]
for i =1 to n do

```
    a_ii = o_ii = 1
    b[i] = direct _ predecessors[i] - π_i + 1
    for j = 1 to n do
        if (t_i, t_j) ∈ A(G)
            if t_j ∈ t_a then a_i,j = 1, o_i,j = 1
            else o_i,j = 1
            endif
        endif
    endfor
endfor
for k = 1 to n do
    for i = 1 to n do
     for j = 1 to n do
        if a_i,j^(k-1) then a_i,j^(k) = a_i,j^(k-1)
        else
            Paths = AndCount(a_i,*^(k-1) ∧ o_*,j);
            if (Paths ≥ b[k]) then a_i,j^(k) = 1 endif
        endif
     endfor
    endfor
endfor
```

其中 $o_{*,j}$表示 Pred(G, t_j)中的节点到 t_j 所对应的可选边，其中 $a_{i,*}^{(k-1)}$表示 t_i 到 Pred(G, t_j)中的节点所对应的路径。

这个算法注重简单性。实际实现时可以将 AND 弧拷贝到矩阵 M 中，以减少总的执行时间。这里只是方便理解而保持算法的简洁性。

以上 AND/OR 图的传递闭包算法将是后面 AND/OR 优先约束问题调度算法的一个重要步骤。

7.4.3　加速算法的实现

为了加速算法，我们精心设计了 AND/OR 图传递闭包算法的循环体部分。

首先，必须从阈图和它的传递闭包的性质分析起。一个 AND/OR 图中的 AND 任务节点和 OR 任务节点实际上是阈图中的特殊节点，对于 AND 节点，$\pi_i = Pred(G, t_i)$，而对于 OR 节点，$\pi_i = 1$。相应的 b[j]分别等于 1 和 $Pred(G, t_i)$。因此，对于 AND 节点和要求较多前驱任务完成之后才开始执行的阈节点，路径数目达到 b[j]比较容易，也就是说 $a_{ij}^{(k)} = 1$ 成功的可能性很大。例如，对于 AND 节点，只需要一条路径就可以成功。相反，对于 OR 节点和要求较少前驱任务完成之后才开始执行的阈节点，则路径数目要达到 b[j]比较困难，也就是说 $a_{ij}^{(k)} = 1$ 失败的可能性很大。例如，对于 OR 节点，只要缺少一条路径就会失败。由于在 $a_{i,*}^{(k-1)} \wedge o_{*,j}$中，对于某个 $t_l \in Pred(G, t_j)$，有 $o_{l,j} = 1$。因此，考虑 $AndCount(a_{i,*}^{(k-1)} \wedge o_{*,j}) \geqslant b[j]$ 成功可能性的时候，对一 AND 节点，只要有 1 个 $a_{i,*}^{(k-1)}$ 为 1 即可。考虑 $AndCount(a_{i,*}^{(k-1)} \wedge o_{*,j}) \geqslant b[j]$ 失败可能性的时候，对一 OR 节点，只要有 1 个 $a_{i,*}^{(k-1)}$为 0 即可。对于一般的阈值节点，则根据 π_j 是否超过 $|Pred(G, t_j)|/2$ 来考虑，超过则优先考虑成功的可能性，否则优先考虑失败的可能性。

基于以上分析，一个计算阈图的传递闭包的算法的循环体部分可细化为：

```
if   π_j > |Pred(G, t_j)|/2 then
     a_ij^(k) = 0
     for l = 1 to n
        AndCount + = a_i,l^(k-1) ∧ o_l,j
```

```
        if AndCount >= b[j] then return a_ij^(k) = 1 endif
    endfor
else
    a_ij^(k) = 1
    for l = 1 to n
        if (o_l,j = 1 and a_i,l^(k-1) = 0)
        then failurepaths += 1
        endif;
        if failurepaths > π_j
        then return a_ij^(k) = 0
        endif;
    endfor
endif
```

而对于一个计算 AND/OR 图的传递闭包的算法的循环体部分可化简为：

```
if t_j ∈ Ta then
    a_ij^(k) = 0
    for l = 1 to n
        if (a_i,l^(k-1) ∧ o_l,j) then return a_ij^(k) = 1 endif
    endfor
else    // t_j ∈ To
    a_ij^(k) = 1
    for l = 1 to n
        if (o_l,j = 1 and a_i,l^(k-1) = 0) then return a_ij^(k) = 0
        endif
    endfor
```

endif

7.5 小　　结

本章是后续几章研究的基础。首先,对 AND/OR 调度问题进行了较严格的定义。通过这些定义,讨论了 AND/OR 调度问题与其他调度问题的关系,证明了 AND/OR 调度模型包含了一些其他模型,因而我们所研究的问题具有一定的普遍性。接着,研究了 AND/OR 调度的时间复杂性问题。研究表明,AND 任务和 OR 任务出现在同一个图中时,只会增加问题的复杂性,所以几乎所有的典型的调度问题在 AND/OR 任务系统中都是 NP-完全的。最后,提出了一个快速 AND/OR 传递闭包算法,它可以用于确定一个任务的后继,而不管它到底沿着哪条控制路径。该算法将是第九章的启发式调度算法中的一个重要步骤。

第八章 AND/OR 优先约束调度问题的近似算法

本章要研究如何减少 AND/OR 优先约束任务系统完成时间的调度问题。我们解决问题的思路是,将优化算法分为两个阶段:

1. 在预处理阶段,将任务系统进行改造,去掉复杂、冗余或相互冲突或不合理的约束。

2. 在调度阶段,将前面改造过的系统按照优先驱动的调度算法进行调度。

具体来说,这两个阶段是:

第一阶段,将 AND/OR 图处理成具有某种特性的纯 AND 任务图;

第二阶段,使用优先驱动调度算法对纯 AND 图进行调度。

由于一般的 AND/OR 优先约束任务系统的调度问题都是 NP-完全的,所以我们不能把希望寄托在寻找最优算法上,比较可行的方法是把 AND/OR 问题分解成若干子问题,再试图求解子问题的最优解,即选取 AND/OR 图的子图,再试图求这个子图的优化调度。

8.1 图搜索距离定理

这一节将说明，选择具有一定特性的纯AND图，不管使用什么样的优先级形式，都可以导出原AND/OR图的有效优先驱动调度。

定义8.1 设B(G)为将AND/OR图G映射成纯AND图的函数，这个纯AND图由调度算法隐式地选择。换句话说，任何调度算法的输出结果，都遵循一组优先约束关系，这个图称为隐式纯AND任务图。

任何调度算法都可以由函数B(G)来刻画。设所有可能的调度算法可表示为函数$B_1(G)$，$B_2(G)$，…的无限集合，对某个j，取$B(G) = B_j(G)$。

定义8.2 设M_{opt}为一个优化调度算法所选择的隐式AND任务图的优化调度的长度，定义M(B(G))为纯AND任务图B(G)的优先驱动调度的长度。

定义8.3 由定义7.12，$L^*(G)$为图G中长度最长的路径，$E^*(G)$表示纯AND图的“剩余”处理时间，即总处理时间减去最长任务链的处理时间。

用$L^*(G)$、$E^*(G)/m$作为坐标轴，可以构造一个二维空间$(L^*(G), E^*(G)/m)$，则图G为这个二维空间中的一个点。下面提出的图搜索定理要证明：接近原点的图可以导出有效优先驱动调度。

定义8.4 设$L_r(G) = \sqrt[r]{L^*(G)^r + [E^*(G)/m]^r}$

表示二维空间中一个点的L_r距离，这也是一种测度。

不难看出,有两种特殊的距离是

$$L_1 = L^*(G) + E^*(G)/m$$

$$L_\infty = \max(L^*(G), E^*(G)/m)$$

为了证明距离定理,首先熟悉一下 Graham 在 1969 年证明的如下事实。

引理 8.1 在任何优先驱动调度中,如果存在一条任务链,是在所有的空闲时间内(网络中存在一个或多个处理机没有被使用的时候)完成的,则这个任务链的长度不会超过任何优化调度的完成时间。

如果把一个调度分为两个部分,一部分为空闲时间,即有一个或多个处理机没有被使用的时间,其总长度记为 MP;另一部分为繁忙时间,即所有的处理机都在工作,其长度由 MB 表示,上面的引理可以简单地表示为 $MP \leqslant M_{opt}$。这个引理说明,即使是最优调度,也不一定是所有的处理机一直在工作。

如果考虑调度的最差情况,那就是在空闲期间内只有一个处理机在工作,因此,

$$M(B(G)) \leqslant L^*(G) + E^*(G)/m$$

另一方面,所有的优化调度必须要执行任务系统中所有的任务,其中包括最长的任务链,因而有:

$$M_{opt} \geqslant \max\{L^*(G),\ (L^*(G) + E^*(G))/m\}$$

本章最重要的定理指出,一个在 Lr 距离下与原点最近的图,可以用来产生接近最优的优先驱动的调度。

定理 8.2

如果 $L_r(B(G)) \leqslant K \cdot \min_j(L_r(B_j(G)))$

则对纯 AND 任务系统 B(G)的任何优先驱动调度,有:

$$\frac{M(B(G))}{M_{opt}} \leqslant K\sqrt[r]{(2)^{r-1}((1-\frac{1}{m})^{r}+1)}$$

证明:设: $x_1 = E^*(B(G))/m$, $x_2 = L^*(B(G))$

$x_3 = E^*(B_0(G))/m$, $x_4 = L^*(B_0(G))$

可以看出 $x_1 + x_2$ 表示一个启发式调度的最大长度,而 $\max(x_4, x_3 + x_4/m)$表示一个优化调度的最短长度。那么,寻找最差性能的问题可以形式化为如下一个非线性规划问题:

目标:　　求$(x_1 + x_2)/\max(x_4, x_3 + x_4/m)$的极大值　　(8.1)

约束条件:$x_1^r + x_2^r \leqslant k^r(x_3^r + x_4^r)$　　(8.2)

$x_1 \geqslant 0, x_2 \geqslant 0, x_3 \geqslant 0, x_4 \geqslant 0,\ m \geqslant 1, k \geqslant 1$

其中,(8.1)表示如果最差调度的长度与最优调度的长度之比最大,那么最差调度的性能越接近最优;(8.2)表示B(G)在 L_r 距离下,距离是最小的,也就是说,B这个映射是一个好的映射。

由于约束(8.2)不是一个凸集,这样 Karush-Kuhn-Tucker 方法就不能用于求解这个规划问题。一个变通的方法是将这个非线性规划分为两种情况。

第一种情况:目标函数(8.1)中的最大值 $\max(x_4, x_3 + x_4/m)$ 取自第一个变量。

这时,$x_3 + x_4/m \leqslant x_4$,即 $x_3 \leqslant x_4(1-1/m)$

目标函数为:max: $f(x) = (x_1 + x_2)/x_4$

f(x)的梯度为:

$$\nabla f = \begin{bmatrix} 1/x_4 \\ 1/x_4 \\ 0 \\ -(x_1 + x_2)/x_4^2 \end{bmatrix}$$

因为 f 关于 x_1 和 x_2 的偏导数是大于 0 的，即关于 x_1 和 x_2 是单调上升的，所以沿着区域 $x_1{}^r + x_2{}^r \leqslant k^r(x_3{}^r + x_4{}^r)$ 的边界达到最大值，又由于 x_4 的偏导数在可行区域总是小于 0 的，即关于 x_4 是单调下降的。可以肯定，如果目标函数在极大值点，那么 x_4 应该尽可能地小。

由 $x_3 \leqslant x_4(1-1/m)$，x_4 应取值 $x_3/(1-1/m)$，

令 $c=(1-1/m)$，于是，

$$x_1{}^r + x_2{}^r = k^r(1+c^r)x_4{}^r$$

并且

$$f(x)^r = (x_1+x_2)^r/(x_4)^r$$

$$= (x_1+x_2)^r/(\,(x_1{}^r+x_2{}^r)/\,(k^r(1+c^r)))$$

即

$$f(x)^r/(k^r(1+c^r)) = (x_1+x_2)^r/(x_1{}^r+x_2{}^r)$$

容易看出，右端在 $x_1 = x_2$时，取得极大值，因此

$$f(x)^r/\,(k^r(1+c^r)) = 2^{r-1}$$

$$f(x)^r = k^r(1+c^r)2^{r-1} = k^r(1+(1-1/m)^r)2^{r-1}$$

所以

$$\frac{M(B(G))}{M_{opt}} \leqslant K\sqrt[r]{(2)^{r-1}((1-\frac{1}{m})^r+1)} \tag{8.3}$$

第二种情况：目标函数(8.1)的最大值取自第二个变量。

这时，$x_3 + x_4/m \geqslant x_4$，即 $x_3 \geqslant x_4(1-1/m)$。

目标函数为 max：$f(x) = (x_1+x_2)/(x_3+x_4/m)$

此时，可求得 f(x)的梯度为：

$$\nabla f = \begin{bmatrix} 1/(x_3+x_4/m) \\ 1/(x_3+x_4/m) \\ -(x_1+x_2)/(x_3+x_4/m)^2 \\ -(x_1+x_2)/(m(x_3+x_4/m)^2) \end{bmatrix}$$

因为 x_3 和 x_4 的偏导数小于 0，且相差一个常数因子 1/m，且

$1/m \leqslant 1$，所以在最大值点，x_3 相对于 x_4 应该尽可能地小。

由 $x_3 \geqslant x_4(1-1/m)$，x_3 应取值 $x_4(1-1/m)$。

于是将 $x_3 = x_4(1-1/m)$ 代入 $f(x)$，得到

$$f(x) = (x_1 + x_2)/(x_4(1-1/m+1/m)$$
$$= (x_1 + x_2)/x_4$$

又因为，x_1 和 x_2 的偏导数是大于 0 的，即关于 x_1 和 x_2 是单调上升的。

所以，沿着区域 $x_1{}^r + x_2{}^r \leqslant k^r(x_3{}^r + x_4{}^r)$的边界达到最大值。

因此，取 $x_1{}^r + x_2{}^r = k^r(x_3{}^r + x_4{}^r)$。

基于同样的步骤，可以得到 (8.3)。

该定理有许多重要的推论。下面的推论在本文中将要用到。如果 $r=1$ 且 $K=1$ 则定理 8.2 可以简化为：

推论 8.3　*在可跳过的 AND/OR 任务系统 B(G)的任何优先驱动调度中，如果*　$L_1(B(G)) = \min_i\{L_1(B_i(G))\}$

则　$M(B(G))/\ M_{opt} \leqslant 2 - 1/m$

如果假定 $r \to \infty$ 且 $K=1$，其性能则为：

推论 8.4　*如同推论8.3，在可跳过的 AND/OR 任务系统B(G)的任何优先驱动调度中，如果* $L_\infty(B(G)) = \min_i\{L_\infty(B_i(G))\}$

则　$M(B(G))/M_{opt} \leqslant 2$

如果 $r=1$ 且任务系统为不可跳过的 AND/OR，则 $E^*(G)$为常数，因此有：

推论 8.5　*在不可跳过的 AND/OR 任务系统 B(G)的任何优先驱动调度中，如果* $L^*(B(G)) = \min_i\{L^*(B_i(G))\}$

则　$M(B(G))/M_{opt} \leqslant 2 - 1/m$

从文献[47]中已知，没有任何纯 AND 上的优先驱动算法可以改进 2 - 1/m 这一最差性能，这里可以看到，在不可跳过的 AND/OR 任务系统 B(G)的任何优先驱动调度中，也有相同的结论。因为优先驱动算法从来不会有意让计算机空闲着，但一个最优的调度往往有必要让某些计算机稍微空闲一下。

在下一定理对距离所使用的测度中，用总处理时间 $P^*(G)$来代替 $E^*(G)$。

定理 8.6　用 $L^*(G)$和 $P^*(G)/m$ 作为坐标轴，定义测度空间，则有：

在可跳过的 AND/OR 任务系统 B(G)的任何优先驱动调度中，

如果　$L_1(B(G)) = \min_i\{L_1(B_i(G))\}$

则　$M(B(G))/M_{opt} \leqslant 2$

证明：

该定理说明如果可以找到一个纯 AND 图 B(G)具有性质：它的最长路径和总处理时间 $P^*(G)$小于所有其他图中相应两个的量之和，则优先驱动调度的长度 M(B(G))至多是优化调度长度的 2 倍。

证明这个定理的基础是著名的 Graham 定理：

$$M(B(G)) \leqslant P^*(B(G))/m + L^*(B(G))$$

由于假设 B(G)是最小的图，因此有：

$$P^*(B(G))/m + L^*(B(G)) \leqslant P^*(G_0)/m + L^*(G_0)$$

不难看出，最优调度有一个下界为：

$$M_{opt} \geqslant \max(P^*(G_0)/m,\ L^*(G_0))$$

因此

$$\begin{aligned} 2M_{opt}(G_0) &\geqslant P^*(G_0)/m + L^*(G_0) \\ &\geqslant P^*(B(G))/m + L^*(B(G)) \end{aligned}$$

$$\geqslant M(B(G)) \quad (\text{Graham 定理})$$

即

$$M(B(G))/M_{opt}\leqslant 2。$$

在上述定理中，总是寻求 $L_r(B(G)) = \min_i\{L_r(B_i(G))\}$。如果出现

$$Lr(B_1(G)) = Lr(B_2(G)) = \cdots$$

的时候，那么就需要在图 $B_1(G), B_2(G), \cdots$之间进行选择。

下一个定理表明，选择哪一种图可以产生最佳调度。

首先定义 $\gamma = P^*(B(G))/mL^*(B(G))$作为纵横比(Aspect Ratio)。在一个具有 m 个处理机的系统中，纵横比是衡量平均利用率的一种度量。

如果 $\gamma = 1$，则每单位时间内处理机的平均使用率是 m，即 m 个处理机都在使用；

如果 $\gamma > 1$，则利用率超过 m；

如果 $\gamma < 1$，则在任何调度中，m 个处理机不能被充分利用。

设 M 为一个最优调度的长度，M′表示最差调度的长度，下面的定理将最差调度性能与纵横比联系起来，这个定理是 Graham 定理的更抽象化。

定理 8.7 *在 m 个处理机上，最差的表调度的性能为*

$$M'/M\leqslant\begin{cases}1+\dfrac{1}{\gamma}-\dfrac{1}{m\gamma} & \text{if } \gamma\geqslant 1 \text{ and } \gamma m\geqslant 1\\ 1+\gamma-\dfrac{1}{m} & \text{if } \gamma\leqslant 1 \text{ and } \gamma m\geqslant 1\\ \text{undefined} & \text{if } \gamma m<1\end{cases}$$

我们特别注意到，当 $\gamma\leqslant 0.5$ 或 $\gamma\geqslant 2$ 时，有 $M'/M\leqslant 1.5$，这个结果比原来 Graham 定理的结果要好，而且更为具体。

在文献[1]、[49] 已研究几种模拟方法，对使用贪婪算法调度随机任务进行了有效的模拟。现在可以着手从理论上进行分析。

上述定理表明,模拟应该产生一个 $\gamma=1$ 的任务系统,从而能够保证测试到最差的情况的工作负载。如果 $\gamma=1$,则定理 8.7 可以简化为 $M'/M\leqslant 2-1/m$。

上述纵横比定理提供了在两种具有同样的 $L_1(B(G))$ 值的图之间进行选择的一种方法,假定这些图有不同的纵横比中计算出两种级别最差性能 M'/M 比。于是 $L_1(B(G))/M'/M$ 就给出了优化调度长度一个较为乐观的下界,选择时应该选择具有较小下界的那个图。

下面将讨论利用定理 8.5,定理 8.6 的结果的启发式方法。

8.2 减少完成时间的调度方法

这节将提出在多处理机系统上减少执行时间的近似方法。首先讨论不可跳过的 AND/OR 任务系统调度算法的性能,然后讨论可通过任务系统的调度和其他不同类型的优先约束关系下的调度。

这节将证明 $L_1(\ )$测度最小化技术用于可跳过的 AND/OR 任务系统的 IN-TREE 可以产生一个好的近似算法,但对更复杂的任务图,则不能保证最小化到多项式时间。

8.2.1 IN-TREE 结构

从上一章的定义已经知道,一个 IN-TREE 偏序关系只有惟一一个节点没有后继。在 AND/OR 优先约束任务图中,IN-TREE 结构应该说是具有一定的普遍性。下面我们可以看到,对于一般的 AND/OR 图都可以产生一个执行时间相同的 IN-TREE。

如果一个 AND/OR 任务图只有惟一一个节点没有后继,那么这个偏序关系已经是 IN-TREE。现在假定有多个节点没有后继,这些节点分别为 $t_1, t_2, \cdots, t_k$。我们可以在原来的 AND/OR 图中再加上一个 OR 任务 t，它是 $t_1, t_2, \cdots, t_k$ 的直接后继，它的执行时间为 0，这样在这个新的任务图中就只有一个节点 t 没有后继，如图 8.1 所示。

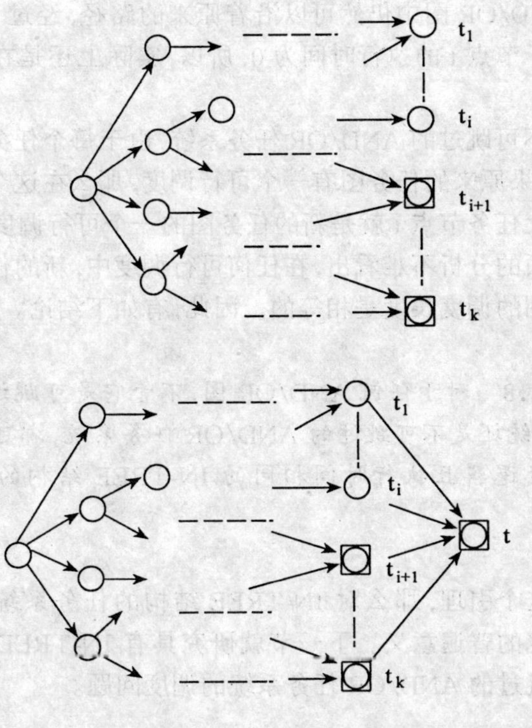

图 8.1　将一般 AND/OR 任务图改造成为 IN-TREE

在普通的 AND/OR 图意义下，图 8.1 已经是一个 IN-TREE 结构。但考虑到对 AND/OR 图再划分有可跳过的 AND/OR 任务系统和不可跳过的 AND/OR 任务系统两种模型。那么，增加一个最大任务后，会不会改变原来任务系统的性质呢？这里要稍作分析。

假定原来的AND/OR图是表示一个可跳过的AND/OR任务系统，由于增加的是一个OR任务，它并没有改变原来可跳过的AND/OR的逻辑结构。也就是说，如果在原图中，存在一个可行调度。该调度在某个原来的最大任务的节点 t_i 终止，则这个调度在新的AND/OR图中仍然可以沿着原来的路径，经过 t_i 在节点 t 终止。由于节点 t 的执行时间为 0，所以，实际上还是在节点 t_i 终止执行。

对于不可跳过的AND/OR任务系统，由于每个任务最终都要被执行，如果原来的任务图有一个可行调度，那么在这个可行调度的最后加上任务节点 t 就是新的任务图的一个可行调度。

从上面的分析不难看出，在任何可行调度中，新的任务图和原来的任务图的调度长度是相等的。因此，有如下结论。

引理8.8 对于任何AND/OR图，不管它是可跳过的AND/OR任务系统还是不可跳过的AND/OR任务系统，都可以产生一个相同调度逻辑且执行时间相同的IN-TREE结构的AND/OR图。

有了这个引理，那么对IN-TREE结构的任务系统的调度问题就有一定的普遍意义。下一节就研究具有IN-TREE优先约束结构的可跳过的AND/OR任务系统的调度问题。

8.2.2 具有IN-TREE结构的可跳过任务系统的调度

下面要提出一个对具有IN-TREE优先约束结构的可跳过的AND/OR任务系统的最小化完成时间的启发式方法。算法可以将一个IN-TREE的AND/OR图转换成在测度 $L_1(B(G))$ 下最小的IN-TREE结构的纯AND图。该算法称为路径负载平衡算法，其步骤如下：

路径负载平衡算法

输入：IN-TREE 图 $G=(T, A, P, \pi)$

输出：一个纯 AND 任务图 $G=(T', A', P')$ 的调度

1. 对于 G 中每个从根到叶节点的路径 $C_i=\{t_{x1}<t_{x2}<\cdots<t_{xk}\}$，执行 1.1 到 1.5 步：

1.1 复制 G

$Gc \leftarrow G$

1.2　将所有 OR 任务从 C_i 中去掉；

对于每个任务 $t_{xj}\in C_i$，其 $\pi_j<P(Gc, t_j)$，

置 $A(Gc)\leftarrow(A(Gc)-P(Gc, t_{xj}))\cup\{t_{xj-1}, t_{xj}\}$，

即：使 t_{xj} 为 G 中的一个 AND 任务，也即将所有 OR 任务从 C_i 中去掉。

1.3　剪去所有比 C_i 长的路径

设 $C_j\neq C_i$ 为 Gc 中比 C_i 长的路径；

如果这样的 C_j 不存在，则转 1.4，

否则设 t_k 为在 C_j 上最小的 OR 任务

如果没有这样的任务 t_k 存在，则转 1.5

对每个 $t_l\in P(Gc, t_k)$，且 t_k 在比 C_i 长的路径上，执行：

从 Gc 中去掉弧 (t_l, t_k)

重复 1.3。

1.4　减少处理时间

对 Gc 中每个 OR 任务 t_k，其 $P(Gc, t_k)\geqslant 2$ 并且在 Gc 中没有 OR 前驱任务，执行：

去掉弧 (t_j, t_k)

其中 $t_j\in P(Gc, t_k)$

且对所有 $t_i\in P(Gc, t_k)$，有

$i\neq j, E(Gc, t_i)\leqslant E(Gc, t_j)$；

1.5　比较并保存结果

如果所得到纯 AND 图改进了 $L_1(Gc)$ 值，则保存该图：

$$G' \leftarrow Gc;$$

2. 在改造后对任务系统 G′中仅有 AND 任务，任选一种优先级表示方法，构造调度表，用优先驱动算法对这个任务系统进行调度。

路径负载平衡算法的实现效率很高，所有 O(n)个从根到叶节点的路径可以在 O(n)的时间复杂性内用深度优先枚举出来。使用递归的深度优先，从 a 到 e 每个迭代可以在 O(n)时间复杂性内完成，因此这个算法第一部分的时间复杂性为 $O(n^2)$。第二部分的时间复杂性则要看选择的表调度算法来确定。

为了确定路径负载平衡算法的最差性能，必须证明算法的第 1 步可以减少 $L_1(G')$测度，即要证明如下定理。

定理 8.9　　$L_1(G') \leqslant L_1(G_0)$

证明：考虑 G_0 中最长路径的长度为 $L^*(G_0)$，这条路径从根开始到叶节点结束。显然，在第一步路径负载平衡算法考虑了这条路径。在第 1.3 步中，算法保证了没有比这条路径更长的路径，也没有增加 $E^*(G')$的值。由于在算法的第 1.5 步中，选择每个 OR 任务的直接先驱时，减少 $E^*(G')$，所以算法一定能够找到一个图 G′，其 $L_1(G')$至多为：

$$P^*(G_0)/m + L^*(G_0)。$$

8.2.3　应用实例

图 8.2 的例子就是说明最差情况的一个典型例子。

图 8.2 中，分别标出了每个任务的名字和执行长度，如(t_2, L)表明任务 t_2 需要 L 个单位处理时间，路径负载平衡算法在

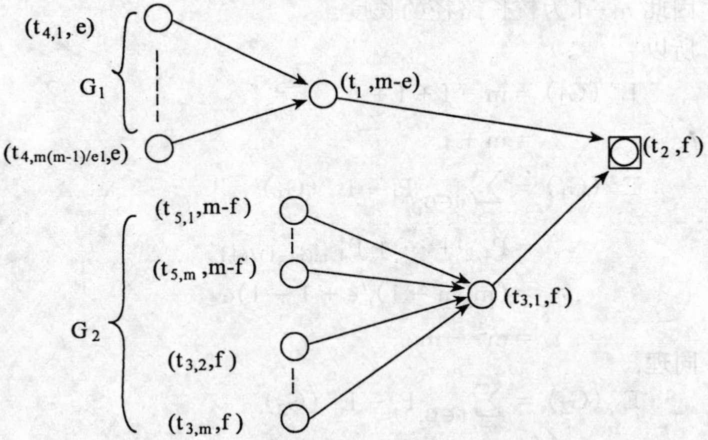

图 8.2　一个最差的可跳过的具有 IN-TREE 结构的 AND/OR 图

$$G_1 = (\{t_1, t_2, t_{4,1}, t_{4,m(m-1)/e+1}\}, A_1, P_1, \pi_1)$$

和

$$G_2 = (\{t_2, t_{3,1}, \cdots, t_{3,m}, t_{5,1}, \cdots, t_{5,m}\}, A_2, P_2, \pi_2)$$

两个纯 AND IN-TREE 图之间进行选择，其中 A_1, A_2 表示相关联弧集，在这些 IN-TREE 中最长路径的长度为：

$$L^*(G_1) = L^*(G_2) = m + f$$

并且有：

$$E^*(G_1) = E^*(G_2) = m^2 - m$$

因此，路径负载平衡算法在这两个树中任选一个来减少 $L_1(G')$。G_2 的一个调度长度为 $m + 2f$。

但对 G_1 来说，调度长度最短为 $2m - 1/m + f$。当 $f \to 0$ 时，这两者的长度比接近 $2 - 1/m$。

注意到，$L^*(G_1) = L^*(G_2)$ 为最长路径

对于 G_1 来说，为 $e + m - e + f = m + f$

对于 G_2 来说，因为 f 足够小，$m-f>f$

因此 $m-f$ 为较长路径的长度，

所以

$$
\begin{aligned}
L^*(G_2) &= m - f + f + f \\
&= m + f \\
E^*(G_1) &= \sum_{ti\in G_1} P_i - L^*(G_1) \\
&= P_{4,2} + \cdots + P_{4,m(m-1)/e+1} \\
&= (m(m-1)/e + 1 - 1)e \\
&= m^2 - m
\end{aligned}
$$

同理，

$$
\begin{aligned}
E^*(G_2) &= \sum_{ti\in G_2} P_i - L^*(G_2) \\
&= P_{5,2} + \cdots + P_{5,m} + P_{3,2} + \cdots + P_{3,m} \\
&= (m-f)(m-1) + (m-1)f \\
&= (m-1)(m-f+f) \\
&= m^2 - m
\end{aligned}
$$

对 G_1 来说，将 $t_{4,2}$，…，$t_{4,m(m-1)/e+1}$ 均匀分配到 m 台处理机，调度长度应为：

$$
\begin{aligned}
& e(m(m-1)/e+1)/m+m-e+f \\
&= m-1+e/m+m-e+f \\
&\leqslant 2m+f
\end{aligned}
$$

对 G_2 来说，将 $t_{5,1}$，…，$t_{5,m}$ 均匀分配到 m 台处理机，长度应为：$m-f$。

将 $t_{3,2}$，…，$t_{3,m}$ 均匀分配到 m 台处理机，长度应为：f。

G_2 的调度长度应为：

$$m-f+f+f+f=m+2f$$

设原始图为 G_0，则

$$
\begin{aligned}
P^*(G_0) &= L^*(G_0) + E^*(G_0) \\
&= L^*(G_1) + (L^*(G_2) + E^*(G_1) + E^*(G_2))
\end{aligned}
$$

$$
\begin{aligned}
&= m + f + (m + f + m^2 - m + m^2 - m) \\
&= 2(m^2 + f) \\
L_1(G_0) &= P^*(G_0)/m + L^*(G_0) \\
&= 2(m^2 + f)/m + m + f \\
&= 3m + f + 2f/m \\
P^*(G_1) &= L^*(G_1) + E^*(G_1) \\
&= L^*(G_2) + E^*(G_2) \\
&= m + f + m^2 - m \\
&= (m^2 + f) \\
L_1(G_1) &= P^*(G_1)/m + L^*(G_1) \\
&= (m^2 + f)/m + m + f \\
&= 2m + f + f/m
\end{aligned}
$$

所以,无论将 G_1 或 G_2 作为 G',都验证了引理的结论:

$$L_1(G') \leqslant L_1(G_0)$$

是成立的。

以上例子清楚地表明,可跳过的 AND/OR 任务系统的调度问题要比纯 AND 任务系统的调度问题难得多。考虑在定理 7.2 的证明中描述的从精确 3-覆盖问题导出的一个可跳过的 AND/OR 任务系统在(3n+1)个处理机上的调度问题,我们将具有 2n+1 个直接前驱的 AND 任务加入到系统中,现在要问是否存在一个在 3n+1 个处理机上且在 2 个单位时间内完成的调度?如果与在 3-覆盖的边相对应的 n 个任务与增加的 2n+1 个 AND 任务一起从时间 0 开始执行,并且所有对应超图节点的任务与其他增加的 AND 任务从时间 1 开始执行。因此,有一个完成时间为 2 的调度当且仅当是否存在一个精确的 3-覆盖。

8.3 小 结

本章研究了如何减少 AND/OR 优先约束任务系统完成时间的调度问题。首先提出了几种衡量纯 AND 图的特征的方法，并且证明了如果这些方法能够通过选择适当的纯 AND 图来减少执行时间和最长路径的话，不管使用什么样的优先级形式，都可以导出原 AND/OR 图的有效优先驱动调度。然后讨论了 IN-TREE 结构，证明了对于一般的 AND/OR 图，不管它是可跳过的 AND/OR 任务模型还是不可跳过的 AND/OR 任务模型都可以转换成等价的 IN-TREE 结构。接着，在可跳过任务模型下，提出了一个近似算法，该算法在多处理机上对 IN-TREE 任务系统进行调度，并且所产生的调度在测度 L_1 下是最小的。

第九章　可跳过的 AND/OR 任务系统的启发式方法

第七章定理 7.2 的证明过程表明可跳过的 AND/OR 任务系统的最小化问题可抽象化为典型的集覆盖(Set-Cover)问题,因此它与集覆盖问题是同等困难的问题,也是一个 NP-Hard 问题。本章要提出若干启发式方法来求解这种调度问题,下面我们要提出的几种在单机或多处理机对一般可跳过的 AND/OR 优先约束关系的任务系统进行调度的方法,它们对早期的几种近似算法进行了简化,并作了很大的改进,这些启发式方法包括计算传递闭包算法和在 AND/OR 图中求解最短路径问题。

本章最后通过模拟来测试这些算法的性能,比较该算法的质量和执行时间,并作出性能评价。模拟试验表明,可以用启发式方法求得 AND/OR 问题的次优解。

9.1　抽象集覆盖启发式方法

前面已证明集覆盖问题是可跳过的 AND/OR 单处理机调度问题的特殊情况。一个好的可跳过的 AND/OR 调度算法,应该产生一个好的集覆盖解。对集覆盖问题已有许多比较有效的求解算法。文献[64]提出了分支有界算法;文献[8][6]提出了切平面分支有界算法;文献[18][43][65] 指出了启发式算法最差性能的下界。在这些算法中,性能最好的是 CLJ 启发式算法。下面所讨论的算法以截然不同的思路求解集覆盖问题，取得了更好的性能。

9.1.1 CLJ 启发式方法

CLJ (Chavatal-Lovasz-Johnson)启发式方法的输入是节点集 $V=\{v_1,\cdots,v_n\}$、权集 $W=\{w_1,\cdots,w_m\}$ 和超边集 $E=\{e_1,\cdots,e_m\}$，每个超边 e_j 是 V 的子集。在算法开始时，设集 $E'=\varnothing$，然后反复执行如下两个步骤，直到 $\bigcup_{e_j\in E'} e_j=V$ 为止：

1. 在 E' 中加入弧 e_j，e_j 是成本函数 $|e_j|/w_j$ 最大的边；
2. 从 E 的所有其他边中，删除 e_j 中每个节点。

该算法的输出是一个覆盖 E'，$E'\subseteq E$。Chavatal 给出的 E' 的成本函数

$$C(E') = \sum_{e_j\in E'} e_j w_j$$

并满足：

$$C(E')\leqslant C(E_{opt})\cdot\log(d)$$

此处 E_{opt} 是一个优化覆盖，并且 $d=\max_j\{|e_j|\}$

由于这个算法在选择边时不会检查超图当前所处的状态和增加边时是否存在冗余，它没有较好的性能保障。事实上，即使是对于所有的 j，$w_j=1$ 时也会出现性能最差的情况。而算法出现最差性能时，往往是对给出的超图结构缺乏足够的考虑。

在文献[42]中，提出并模拟了几个密切相关的成本函数，如 $\log|e_j|/w_j$。文献还指出了用这些成本函数比 CLJ 启发式方法所使用的成本函数会产生更好的性能。但事实并非如此，研究表明，任何依赖于增加边的启发式方法或者对 $|e_j|$ 单调不减且对 w_j 单调不增的启发式方法有：

$$C(E')\geqslant C(E_{opt})\cdot\log(d)-\varepsilon$$

对任何 $\varepsilon>0$ 都成立。基于这些知识，使得我们尝试寻找比 CLJ 更

好的启发式方法。

9.1.2　删除式启发式方法 DCLJ

CLJ 算法能够产生一个覆盖集 E′,使得凡是可以被 e_j 覆盖的节点,也可以被 E′覆盖。但 E′是有冗余边的。一个好的覆盖算法应该在算法结束时删除这些冗余边。实际上,任何通过加入弧到覆盖集的贪婪算法都可能产生冗余边,所以应该考虑将删除边的步骤加入到实现算法中。因此完全有理由围绕着将 E 作输入集,设计一个从中删除冗余边的启发式算法,而不是将边逐步加入到覆盖集 E′中。这就是下面我们探讨新算法的思路之一。

改造 CLJ 算法还有一个理由是,这种删除式的启发式方法实现起来比较简单。在阈图中,一个 OR 任务是要在它的前驱任务完成之后才可以开始执行的,如果调度算法通过从任务图中删除边来完成,则当一个 OR 任务的入弧(in-arc)到达某个阈值 π_i 时,就停止删除,这是非常容易实现的。另一方面,如果一个算法是将边加入到覆盖集,则必须有一个循环来处理一个 OR 任务有两个以上的前驱任务都需要执行的情况。

鉴于以上两个原因,我们提出了新的启发式方法:删除式启发式方法 DCLJ (Deletion CLJ),它将 E 作为算法的输入集,从 E 中删去边 e_j 来产生覆盖集。如果删去一条边后,导致某个节点 v_i 仅有一条边 $c_j - \{v_{j1}, v_{j2}, \cdots, v_{jk}\}$ 覆盖它,则 e_j 不能再被删除掉,且节点 $\{v_{j1}, v_{j2}, \cdots, v_{jk}\}$ 可以从 E 的其他边中去掉,因为这些节点在其他边中出现时,已是冗余的。如此继续下去,直到没有边可以从 E 中去掉为止。

这个算法实际运行的效果比 CLJ 要好。其详细步骤将在 9.2 节给出。

9.1.3　冗余删除法 RDM

RDM(Redundancy Deletion Method)算法是 DCLJ 算法的进一步细化。在讨论算法之前,先给出几个定义。

定义 9.1　一个节点 v_j 的度 $dv(v_j)$为覆盖该节点的边数 。

定义 9.2　一条边 e_j 的度 $de(e_j)=\sum_{v_i\in e_j}dv(v_i)$，即边 e_j 中节点度数之和。

当度数高的边在 CLJ 算法的早期阶段被选择之后，则有可能导致最差的结果。如果度数高的边首先被删除，则有可能导出性能较好的结果图。

定义 9.3　一条边的度数 $de(e_j)$被 e_j 的大小 $|e_j|$（e_j 中的节点数）相除之后，定义为 e_j 覆盖节点的覆盖度。

覆盖度是 RDM 启发式方法的依据。RDM 除了成本函数定义为 $|de(e_j)|w_j/|e_j|^2$ 之外，其他与 DCLJ 启发式方法基本相同。RDM 在算法循环的每一步，都删除成本的最高边，直到得到最小覆盖集。

9.1.4　基于独立数删除方法 INBDM

INBDM(Independent Number Based Deletion Method)方法对于某些任务图可能提供最优解，而对于这些任务图，CLJ 和 DCLJ 启发式方法却处于最差性能。INBDM 启发式方法对边覆盖度的计算方法比 RDM 更为精细一些。这种覆盖的度量称为独立数(Independent Number)。

定义 9.4　独立数 $I(e_j)$为覆盖边 e_j 的边的数目，设 $I'(e_j,i)=|\{e_k:|e_k\cap e_j|=i\}|$，并且设 $I(e_j)=(I'(e_j,n),I'(e_j,n-1),\cdots,I'(e_j,0))$为一个向量。

独立数可以用字典序进行比较，从而找出冗余最大的边。利用独立数，INBDM 启发式方法将成本函数定义为 $I(e_j)\cdot w_j/|e_j|^2$。

在 INBDM 算法的实现中，将一个几何增长的浮点数向量

$(a_0, a_1, \cdots, a_n)$与向量$I(e_j)$进行点积运算。如果$a_i = 1$,则INBDM与RDM为同一个算法;如果$a_i = 1/n$,则结果为独立数$I(e_j)$的字典排序。这种近似的方法大大简化了INBDM的实现,并且加快了它的执行速度。

我们对上述启发式方法进行了模拟,对于所有的$w_j = 1$和$|e_j| = 3$的情况,CLJ与DCLJ的效果几乎一样,RDM比CLJ和DCLJ要好,INBDM性能最好,其详细结果的比较将在后面的9.4节给出。

9.1.5 利用集覆盖算法进行AND/OR任务系统调度的抽象过程

定义9.5 一个OR任务如果没有先辈OR节点,则是最小OR任务。

将集覆盖算法抽象为在多处理机上最小化AND/OR任务图执行时间的调度,这个过程一般分为三步:

第一步,将集覆盖算法修改为能够处理AND/OR任务图,图中OR任务没有后继任务;

第二步,设置一个外循环,使得一个AND/OR图能够作为一系列集覆盖问题来处理。

这个算法已经能够在单处理机上充分地减少一个AND/OR图的执行时间。为了在多处理机上能够产生一个好的调度来减少执行时间,在导出的纯AND图中必须尽量减少最长的任务链的长度。这将在下一步进行。

第三步,通过迭代方法减少最长任务链的长度,并调用单处理机上算法。

实现这些步骤的抽象算法将在后面的9.3节中详细描述,这里只作简单地描述。

算法的输入是一个经过简化的图:

$$G=(T, A, P, \pi)$$

其中 T 为任务节点集，A 为边集，P 为处理时间集，π 为任务类型集，且所有的最大任务为 OR 任务。整个抽象过程分为两个步骤。

第一步，实现一个抽象的集覆盖算法用本节开始时描述的成本函数，计算每个 AND 任务的成本；然后，对一个 OR 任务 t_i 和它的每个直接前驱 t_j，计算 t_j 的先驱任务的成本并与 t_j 的本身的成本累加起来，标记为 t_j 的成本。对于插入式的启发式方法，例如 CLJ，选择最低的成本的先驱任务，并插入到结果图中。对于删除式的启发式方法，例如 DCLJ 和 INBDM，则要在 OR 任务的入弧中寻找一个弧(t_i, t_j)，其中 t_i 具有最高成本，这个弧将从图中删去，然后再重新计算任务的成本。这个过程一直要重复到所有的任务都成为 AND 任务。

第一步实现的是一个局部算法。

第二步，实现一个全局算法，其工作流程为：有一个子程序在图中寻找所有最小的 OR 任务，然后将这些 OR 连同它们的 AND 先驱任务一起输入到抽象集覆盖启发式算法中进行计算。当集覆盖启发式算法完成之后，这个子程序又第二次执行，继续寻找另外一个最小 OR 任务集，如此重复进行下去。算法的每次重新计算 OR 任务集时，都有 OR 任务变成 AND 任务。

9.2 单处理机上的启发式方法

9.2.1 DCLJ 算法的进一步描述

下面给出的是 DCLJ 启发式方法的伪代码。

算法：对一般可跳过的 AND/OR 任务系统的 DCLJ 算法

输入：AND/OR 图 G=(T,A)，处理时间集 p[n]，任务类型集 type[n]

输出：纯 AND 图 G′=(T′,A′)

变量：整型数组 length[n]，OR _ degree[n]，cost[n]，sum[n]，dfs _ marks[n]，task _ id 以及其他队列。

1. 将处理时间 p[ ]拷贝到数组 length[ ] 中，用图 G 中所有的最小 OR 任务初始化队列 OR _ queue。
2. 如果 OR _ queue 为空，则退出(算法结束)。
3. 将所有任务的 OR _ degree[ ] 计数器置 0。
4. 对 OR _ queue 中的每个任务 t_i 执行：
   4.1　选择一个新的 task _ id
   4.2　执行深度优先搜索，用 task _ id 寻找 t_i 所有的 AND 前驱任务 t_j，对搜索到的每个 AND 任务 t_j，将 OR _ degree[t_j]增加 1
5. 对所有被访问过的 AND 任务 t_j(它的 OR _ degree[t_j]不等于 0)，计算成本：

$$cost[t_j]=length[t_j]/OR\_degree[t_j]$$

6. 对 OR _ queue 中的每个任务的 t_i，执行第 7~9 步
7. 将它们的直接前驱，形成 Predecessor _ q[t_i]队列；
   对 Predecessor _ q[t_i]中的每个任务 t_j 执行：
   7.1　选择一个新的 task _ id，将 sum[t_j]置为 length[t_j]
   7.2　执行深度优先搜索，用 task _ id 寻找 t_j 的所有前驱任务 t_k，并计算：

$$sum[t_j]=sum[t_j]+cost[t_k]$$

8. 将 Predecessor _ q[t_i]中的节点按 sum[ ]的值降序排序。
9. 对 Predecessor _ q[t_i]中具有最大 sum 值的每个任务 t_j(有可能有多个具有最大值)，重复执行：
   9.1　对队列中 t_j 的每个直接 OR 后继 t_k，若 t_j 不是 t_k

的惟一的前驱，则删去弧(t_j, t_k)

9.2 如果 OR 节点 t_i 仅有一个前驱任务(Predecessor_q[t_i]中仅有一个节点)，则将它从 OR_queue 中删去

10. 如果 OR_queue 为空，则用新的最小任务集重新填入 OR_queue。

11. 转第 2 步。

其中第 3～9 步为抽象集覆盖启发式算法。第 1～2 步和第 10～11 步产生一系列集覆盖问题。下面将用例子来说明该启发式方法中的执行过程。

例 9.1 图 9.1(a)描述了一个将输入到 DCLJ 算法中的 AND/OR 图。每个任务的处理时间都写在任务的旁边。

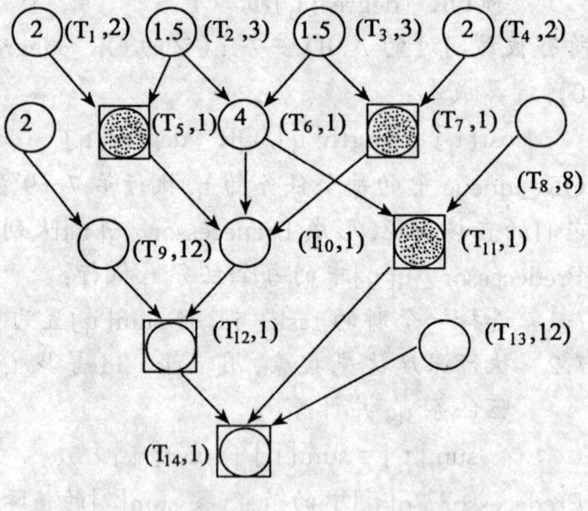

图 9.1(a) 第一个集覆盖问题

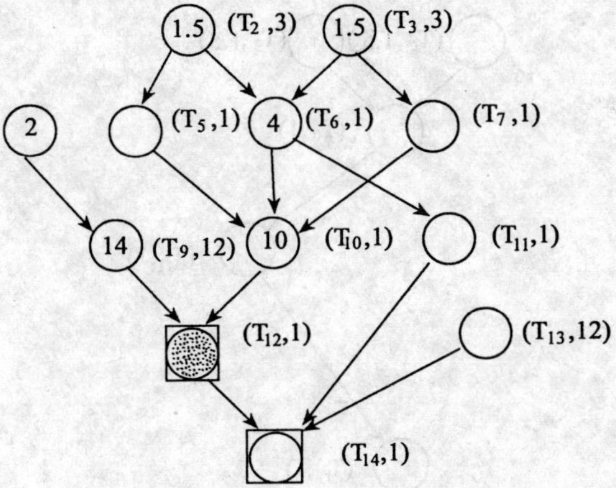

图 9.1(b)　第二个集覆盖问题

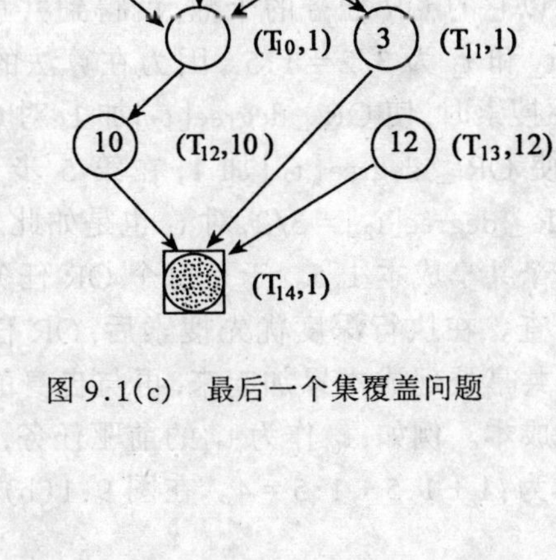

图 9.1(c)　最后一个集覆盖问题

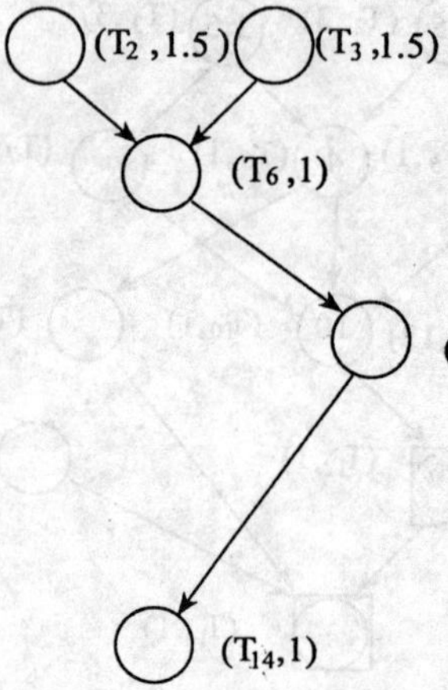

图 9.1(d) 得到的纯 AND 图

首先,DCLJ 算法计算最有可能成为最小 OR 任务的任务集(在图 9.1(a)中用黑圈标出),并集中处理这些 OR 任务和它们的前驱任务。对这些 OR 节点先以深度优先的次序访问所有的前驱 AND 任务,并累计每个 AND 任务节点的 OR 后继任务的个数,再将它的成本除以它的 OR 任务的个数,就得到共享处理成本。例如,对于任务 t_2 和 t_3 为 3/2 = 1.5 ,因为在算法的第 4 步,对 OR 节点 t_5 的前驱搜索时,使 OR _ degree[t_2]加 1,对 OR 节点 t_{11}的前驱搜索时,又使 OR _ degree[t_2]加 1,在第 5 步计算成本时为:Length[t_2]/OR _ degree[t_2] = 3/2,对 t_3 也是如此。每个 OR 前驱任务将累加一个共享成本 1.5。于是每个 OR 任务的每个直接前驱都将进行考查。在执行深度优先搜索后,OR 任务的直接前驱的所有前驱的共享处理成本累加起来,再与自身的成本加起来就得到总的处理成本。例如,t_6 作为 t_{11}的前驱任务,在第 7 步时,累计的共享成本为:1 + 1.5 + 1.5 = 4。在图 9.1(b)中,这个总成本被写入到 OR 节点的直接前驱的圆圈中。最后,将总成本最大的任务从任务图中删去。在图 9.1(a)中,t_8 就是这样的任务。在算法的第 9 步,将 t_8 删去后,立即引起 t_{11}变成 AND 任务。

在图 9.1(a)中,当 t_1, t_4 和 t_8 被删除时,图中不再有最小 OR 任务时,其结果为图 9.1(b)。然后又计算新的最小 OR 任务集。再反复执行这个过程时,t_9 的成本为 14,要从图中删除,得到图 9.1(c)。于是,t_{12}和它的不必要的前驱也被删除,从而得到图 9.1(d)。

对图 9.1(d)中的纯 AND 任务进行调度,需要 6 个单位处理时间,它是一个在单处理机系统上的最优的纯 AND 任务图。

9.2.2　RDM 算法的进一步描述

RDM 算法的实现要比 DCLJ 算法的实现略为复杂一些。对 DCLJ 作一些修改后得到 RDM 算法:

算法:对一般可跳过的 AND/OR 任务系统的 RDM 算法

输入:AND/OR 图 G=(T, A),处理时间集 p[n],任务类型集 type[n]

输出:纯 AND 图 G′=(t′, A′)

变量:整型数组 length[n], OR _ degree[n], cost[n], sum[n], cover _ degree[ ], dfs _ marks[n], task _ id 以及其他队列。

1. 将处理时间 p[ ]拷贝到数组 length[ ]中,用图 G 中所有的最小 OR 任务初始化队列 OR _ queue。
2. 如果 OR _ queue 为空,则退出(算法结束)。
3*. 将所有任务的 OR _ degree[ ]和 cover _ degree[ ]计数器置 0。
4*. 对 OR _ queue 中的每个任务执行:
选择一个新的 task _ id, covercost = |P(G, t_i)|, 执行深度优先搜索,用 task _ id 寻找 t_i 所有的 AND 前驱任务 t_j,对

这些任务，将 OR _ degree[t_j]增加 1，并将 cover _ degree[t_j]增加 covercost。

5*. 对每个 AND 任务 t_j，计算成本：

cost[t_j] = length[t_j] * cover _ degree[t_j]/OR _ degree[t_j]^2

6. 对 OR _ queue 中的每个任务的每个直接前驱，形成 Predecessor _ q 队列
7. 对 Predecessor _ q 中的每个前驱任务 t_j 执行：
    7.1 选择一个新的 task _ id，将 sum[t_j]置为 length[t_j]
    7.2 执行深度优先搜索，用 task _ id 寻找 t_j 的所有前驱任务 t_i，并计算：

    sum[t_j] = sum[t_j] + cost[t_i]
8. 将 Predecessor _ q 按 sum[ ]的值降序排序。
9. 对 Predecessor _ q 中具有最大 sum 值的每个任务 t_i(有可能有多个具有最大值)，执行：
    9.1 对队列中每个直接 OR 后继 t_j，删去弧(t_i, t_j)
    9.2 如果 t_j 仅有一个前驱任务，则将它从 OR _ queue 中删去
10. 如果 OR _ queue 为空，则用新的最小任务集重新填入 OR _ queue。
11. 转第 2 步。

其中 3*、4*、5* 步是对成本的估计，INBDM 的实现除了成本计算更为精确外，其他步骤基本与 RDM 相同。

9.2.3 其他算法和改进算法

现在试图修改 CLJ、DCLJ 和 RDM 启发式方法，以改善其性能。其方法是用一个称为“求基计算”的过程来改进成本函数的精确度。

一个求基计算过程找到必然出现在每个调度中的任务集，称

为基本任务集。为了得到这个集合,增加新的 AND 任务到图中,并使得它为每个最大任务的后继,然后再用第七章的 AND/OR 传递闭包算法来寻找这个新的任务的前驱任务,这些前驱任务就是基本任务。由于这些基本任务必然出现在每个调度中,我们可以将这些任务的执行时间设置为 0,这样它们就不会影响计算的总成本。

图 9.2 中任务图优先约束的传递由实心箭头描述,传递闭包算法可能增加的边用虚箭头表示,如果是基本任务,则用 B 注明。在传递归约过程中,一个弧也可能直接绕过 OR 任务,这就是 AND/OR 图与纯 AND 图不同的地方。在计算过程中,对于 $t_j \in$ To 的边(t_i, t_j),仅当从 t_i 到 $P(G, t_j)$中的每个任务都有一条路径,(t_i, t_j)才加入到闭包中。

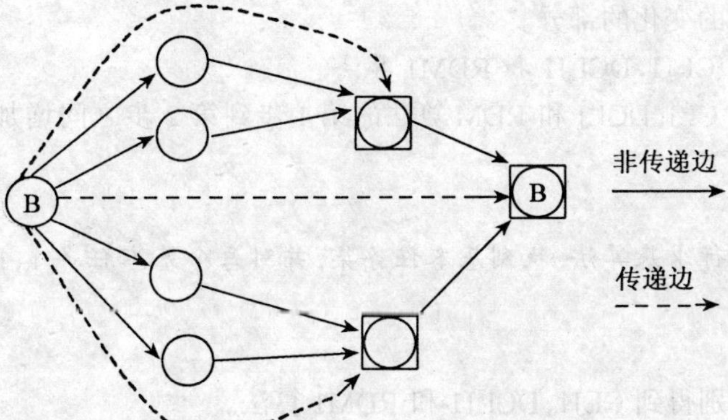

图 9.2 AND/OR 图传递闭包

DCLJ 启发式方法的几个变种是在运行求基算法确定基本任务之后,将基本任务的执行时间设置为 0,然后再对修改后的图调用 DCLJ 算法。调用的结果使得每次集覆盖算法运行后,OR 节点的入弧的成本估计得到改进。像 DCLJ 这样的启发式算法在每次计算基本任务后,删去一个 OR 入弧,从而导出更精确的成本估计。DCLJ 和 RDM 启发式算法都显现出卓越的性能(求得解的质量非常好),然而这两个方法却都比较慢。由于较慢,也就难以适应多处理机系统调度的需要。为了解决这个问题,我们实现了 DCLJ1, RDM1, DCLJdfs, RDMdfs, DCLJexp, RDMexp 启发式算法。

DCLJdfs 将 DCLJ 方法与深度优先搜索方法结合在一起。该算法在开始时,先执行求基算法,然后再用快速深度优先搜索方法代替求基算法。求基算法的开销为 $O(n^3)$,而深度优先搜索的开销为 $O(n+|A|)$。在 DCLJdfs 搜索过程中,如果有一个 OR 任务只有惟一的直接前驱,则 DCLJexp 算法将这个前驱任务标记为"基本的"任务节点,这种标记将"提醒"集覆盖算法在执行时不要把这种"基本的"任务节点从图中删去。

DCLJ 和 RDM 算法每个都有 3 个变种。下面只列出这些改进算法的变化的部分。

1. CLJ1, DCLJ1 和 RDM1 算法

在 CLJ, DCLJ 和 RDM 算法的第 1 步到第 2 步之间增加一个步骤:

执行求基算法,找到基本任务集,并对每个基本任务 t_i, length$[t_i] \leftarrow 0$

分别得到 CLJ1, DCLJ1 和 RDM1 算法。

2. DCLJdfs 和 RDMdfs 算法

在 DCLJ, RDM 算法的第 9 步到第 10 步之间增加一个步骤:

如果 OR 任务 t_j 现在只有一个前驱,按深度优先将 t_j 的每个前驱任务的 cost[ ]置为 0.

分别得到 DCLJdfs 和 RDMdfs 算法。

3. DCLJexp 和 RDMexp 算法

将 DCLJ 和 RDM 算法的第 6 步修改为：

6. 对 OR_queue 中的只有一个前驱的 OR 任务，将它的前驱任务标记为“基本的”；

对 OR_queue 中每个任务的每个直接前驱，建立一个 predecessor_q 队列

分别得到 DCLJexp 和 RDMexp 算法。

除了列出的上述变化外，仅 CLJ，DCLJ，INBDM 和 RDM 在第 9 步完成对 t_j 的循环，所有其他启发式方法在执行第 10 步之前都仅限于一次迭代。这些优化算法在执行时都显示出较好的性能。尤其是 DCLJ，INBDM 和 RDM 算法执行较快，因为它们每次都力图从图中删去多个 OR 前驱任务。对某些图，在每个 OR 前驱节点被删除之后，重新计算任务的成本会更有效一些。通过频繁地计算任务成本，可以获得更多的关于下一步应该删除哪些弧的信息。

不难看出，在 9.1 节给出的 CLJ，DCLJ，RDM 和 INBDM 启发式方法是严格的抽象算法，则其性能与集覆盖算法作用于集覆盖问题的效果完全一样。同样也可以看出，这些算法对 IN-TREE 能够使 $L^*(B(G))$ 最小化。

下表 9-1，按时间复杂性增加的次序列出了这些算法，其中 n 是任务系统的任务数，$m=|A|$ 为任务图中的弧的个数。

表 9-1　**算法的复杂性比较**

算　法	最差情况的时间复杂性
CLJ, CLJ1	$O(n^2(m+n))$
DCLJ, RDM, DCLJdfs, DCLJexp, RDMdfs, RDMexp	$O(mn(m+n))$
RDM1, DCLJ1, INBDM	$O(mn^3)$

9.3 多处理机系统启发式方法

本节将提出了在一个图 AND/OR 中缩短最长路径的算法。其基本操作为，首先在一个 AND/OR 图 G 中找出最长路径，然后产生一个拷贝图 G2，在 G2 中沿着最长路径，将这个路径上的所有 OR 任务都转换成 AND 任务，接着再调用在单处理机上最小化执行时间的子程序。下一步对得到的纯 AND 图进行评价，看其最差性能是否比 G2 之前的一些版本有所改进。如果有所改进，则保存这个图作为当前找到的最佳结果，于是在 G 中去掉了某个 OR 入弧，使得最长路径缩短。算法反复执行上述步骤，当找到一条最长路径，它仅由 AND 任务构成时，算法终止。因为这条路径不可能再进一步缩短。

该算法的思路比较简单，问题是当同时有几个具有同样长度的最长路径时，就可以使用并行的方法来处理。这时只要将上述基本算法加上不同的最长路径作为一个任务发送到其他处理机上进行计算，计算完成后将结果返回，并进行比较，从中选出一个具有最短的最长路径的纯 AND 图，然后，用启发式表调度算法对这个 AND 图进行调度。

一般可跳过的 AND/OR 任务系统上的 Curtail( )算法

输入：AND/OR 图 G=(T, A)，处理时间集 p[n]，任务类型集 type[n]，集覆盖启发式算法 H()，启发式表调度算法 LS()。

输出：经过若干次调用 H()后的纯 AND 图和经过调用 LS()后的调度图。

变量：整型变量 L, OR _ degree[n], arc _ queue, M[n]，图 G2。

1. 拷贝输入图 G：G2=G，并将 G2 的最大任务保存在集 M 中。

2. 对G2中的每个弧，计算最长路径通过这条弧的最长路径，并求出G2的最长路径的长度L；

3. 若存在若干不同的最长路径，则在不同的处理机上，重复执行如下(1)～(5)步，直到G2中没有最小的OR任务为止：

(1)选择一条最长路径；

(2)找出G2中所有满足如下条件的弧(t_{ik-1}, t_k)：

(2.1)有一条路径($t_{i1}, t_{i2}, \cdots, t_{ik}$)，它的每一条弧都在长度为L的路径上；

(2.2)$t_{i1}, t_{i2}, \cdots, t_{ik-1}$全为AND任务；

(2.3)t_{ik}是一个OR任务

将这条弧(t_{ik-1}, t_k)存入arc_queue和arc_queue2中。

(3)重复执行如下3.1到3.4步，直到arc_queue为空：

(3.1)拷贝AND/OR图G2：G′=G2

(3.2)如果arc_queue非空，则选取A0=(t_i, t_j)从arc_queue队列出列

do while(True)

将t_i作为t_j在G′中惟一的直接前驱；

从t_j出发，沿着任何一条最长路径搜索，当碰到：

一条新的弧A1=(t_i', t_j')，以t_j'作为OR任务，则继续循环；

一个最大任务(在路径的终点)，则退出循环

enddo

(3.3) 调用集覆盖启发式算法H(G′)

(3.4) 记录解的成本

(4)对arc_queue2中的每个弧(t_i, t_j)，执行：

如果t_j在G2中是一个仅有一个前驱的OR任务，则在G2中将t_j转换成AND任务；

否则，从 G2 中将(t_i, t_j)删去。

(5) 找出 G2 和 M 中所有不再可达的任务，将它们长度置为 0。

4. 比较各处理机的计算结果，从中选出一个具有最短的最长路径的纯 AND 图。

5. 用 3.4 中的冒泡迁移调度算法对这个 AND 图进行调度。

可以看出，该算法是 6.2.1 缩短路径长度算法的扩充和并行化，它能够处理一般的可跳过的 AND/OR 任务系统图。Curtail()算法最多执行 $O(|A|)$次迭代，且找出最长路径的时间为$O(|A|)$。在算法的最后阶段所做的工作与最短路径算法所做的工作完全相同，即要减少 $L^*(B(G))$。因而 Curtail()算法同前面提到的单处理机调度算法一样，可以对多处理机系统上的 IN-TREE 最小化 $L^*(B(G))$测度。于是，本章所有的启发式算法对多处理机系统上的 IN-TREE 的最差性能为 $2-1/m$。

对于一个 IN-TREE 任务图，可能有 $O(n)$个最长路径，Curtail()算法枚举 IN-TREE 任务图中的每个最长路径，然后进行并行处理。对于许多其他类型的任务图，也可以用这个算法考查其最长路径，因为该算法的输入只要求是一般的可跳过的 AND/OR 任务图。并且，如果单处理机算法能够提供性能保证，则整个算法也能够同定理 8.2 一样，也能够给出多处理机系统上的启发式算法性能保证。

下面我们再分析一下单机算法和多处理机算法的实质性的差别。前面的几个单机算法都是从最小覆盖的思想出发的，使得得到的纯 AND 图在单机上的计算任务量最小，从而使单机执行时间最短。而多机算法则要考虑发挥多机的特点，尽量缩短最长路径，尽量扩大并行性，使并行执行时间最短。所以，它们的出发点不一样，算法对同一个 AND/OR 任务图的处理结果也不一样。这可从下面的图 9.3 看出。

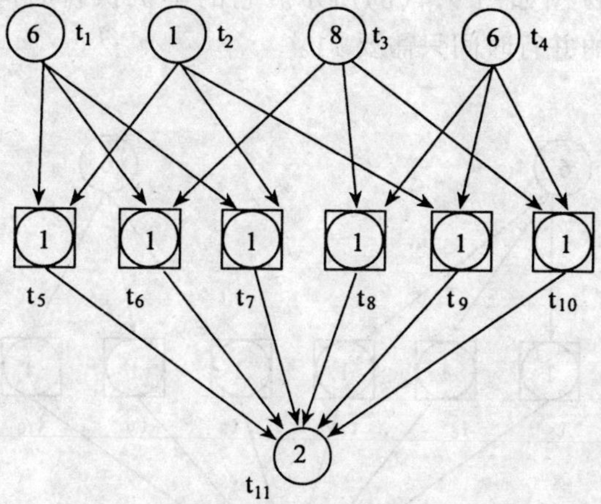

图 9.3　用于分析单机算法和多处理机算法的 AND/OR 任务图

如果采用单机算法，它要采取最小执行时间的方案，得到的纯 AND 图如图 9.4(a)所示。这个任务图的执行时间是 17。

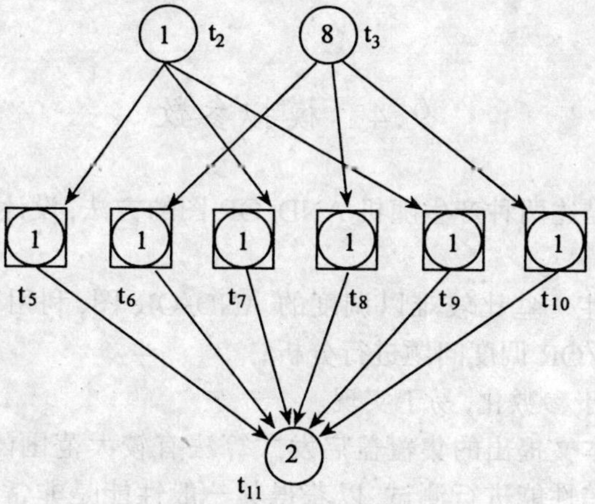

图 9.4(a)　使用单机算法得到的纯 AND 图

如果采用多处理机算法，它采取最小并行执行时间的方案，得到的纯 AND 图如图 9.4(b)所示。它的单机执行时间虽然需要 20，但是它的并行时间只需要 11。

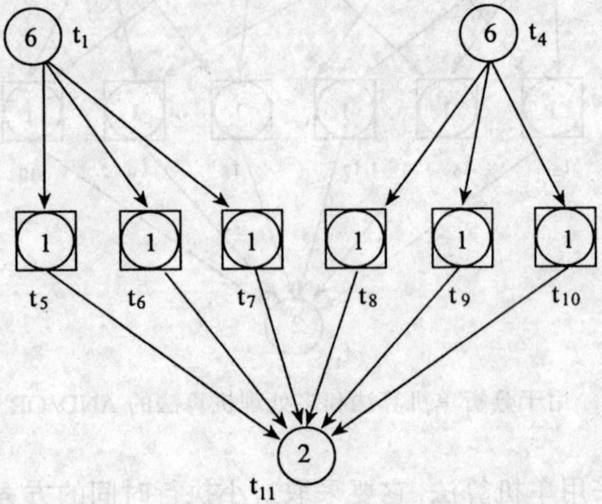

图 9.4(b)　使用多机算法得到的纯 AND 图

9.4　模拟参数

本节描述两种产生随机 AND/OR 图的方法，设计这些方法的目的是：

1. 产生一些比较难以调度的 AND/OR 图，利用已研究的结果对 AND/OR 调度问题进行分析；

2. 易于参数化，易于实现。

由于本文提出的集覆盖启发式算法有较大范围的最差性能，对这些最差性能进行测试，以获得其一般性能是非常重要的。为了得到某个具有最差性能的图类，有必要仔细控制图生成算法，于是图生成算法设置了丰富的参数集。模拟要使得每个图都能够起到一定的作用，有时需要用随机数来调节其参数。

9.4.1　边概率 Q

为了考查当 $j>i$ 时，任务 t_i 和任务 t_j 出现在所产生的图中的情况，设定一个弧(t_i, t_j)以概率 Q 出现在随机图中。

9.4.2　网格比 X/Y

产生一个具有多种不同的任务且最长路径的长度为定长的任务图也非常重要，因为这些参数对特殊问题的难度影响很大，产生网格所使用的方法与产生网络流量问题所使用的技术一样，一个任务图中的任务分布在 X 行 Y 列的网格上。一个弧仅在 I 列的任务与大于或等于 $I+1$ 列的任务之间出现，这就保证了最长路径上最多只有 Y 个任务，一个图的网格比是指该图在 $X\times Y$ 个网格内生成。

9.4.3　任务处理时间分布区间 [a, b]

一个任务的处理时间随机分布在整数区间[a, b]之中。

9.4.4　OR 任务的百分比 P

每个具有两个或更多的前驱的任务都可能是一个潜在的 OR 任务。然而如果这样的任务都成为 OR 任务，则得到的结果图为一棵树结构。许多 OR 任务将出现在图的最小任务附近，而 AND 任务就会像链一样出现在其他地方。在一个图产生之后，具有两个或多个前驱的 AND 任务的个数要计算出来，然后乘以一个因子 $P(0\leqslant P\leqslant 1)$，以此来决定要产生的 OR 任务的个数。

9.4.5　AND/OR 任务图生成算法

为了测试的合理和多样化，有一个过程能够产生很“复杂”的任务图。这个过程的意图是要使整个图可选择的余地很大。这个过程在下面的“复杂任务图生成算法”中描述。只要有可能，在这个算法的第4步，总是从将最大任务转换成OR任务开始，然后由求基算法发现的前驱任务也转换成OR任务。如果要求的OR任务太多，则得到的结果图几乎没有基本任务，这样容易造成这个图的绝大部分被AND/OR启发式调度算法剔除掉。

可以看出，算法的第4步过于复杂，然而这是必需的。为了任务图的多样化，我们也实现了一个“简单”的任务产生器，它能够从入度大于2的AND任务集中，随机选择OR任务。当OR任务以这种方式选择时，单处理机之上的最长调度与最短调度的平均差别为总调度长度的6%，最大差别为35%。差别比较小是因为“简单”任务产生器倾向于使整个图中的任务为基本的。因此启发式方法不能找到一个简化的纯AND图。在“复杂”任务图生成算法的第4步，平均差别为26%，最大差别为108%。

算法：复杂AND/OR任务图生成算法

输入：参数 r, Q, x, y, a, b, p;

r为在网格中产生一个节点的概率；Q为边概率；x, y为网格比；

a, b为时间的分布区间；p为OR任务的百分比

输出：任务图 G=(T, A, P, π)

1. 在X×Y的网格上，产生一个具有边概率Q的纯AND任务图，随机在整数范围 [a, b]内选择任务的长度。

2. 在G上执行传递规约，消除一些冗余的边。

3. 计算G中潜在的OR任务(即具有两个或两个以上前驱的任务)的个数K。

4. 执行求基算法，并将每个任务标记为“基本的”或“可选择的”，再用如下方法计算潜在的OR任务集S:

S的任务必须为：

4.1 一个AND任务；

4.2　其入度大于等于2;

4.3　本身为基本任务且没有后继是基本任务。

如果S为空,则使每个入度大于2的AND任务为S中的成员,从S中随机选择任务,直到:

恰有K*P个OR任务被选择

或者

S的元素被选择殆尽。

如果只是S中的元素被选择殆尽,则重复第4步。

9.5　模拟结果

在前一节描述的所有11个算法都可以在上一节所产生的模拟集上执行。其步骤为:

第一步,对IN-TREE测试这些启发式算法,并且检验当G为IN-TREE时,所有11个算法都能对$L_1(B(G))$最小化。

第二步,为了检验集覆盖启发式算法在输入范围很大的条件下的执行情况,编制了一个称为Best _ Random(1 000)算法,作为比较的基准。这个算法对单处理机调度问题产生1 000个解,然后再选择最佳解。如果输入的AND/OR任务图少于或等于1 000个,则算法可以简单枚举到每个可能的解。并且可以从中发现这种优化使得随机算法在较小规模的问题上运行得非常快,解之间的质量变化不是非常大。

第三步,在这些同样的输入图上运行12个启发式算法(包括随机算法),并保存每个启发式算法的解,再将这些解与随机解的大小相除,就得到性能比。这些性能比一般在[0.4,1.6]之间,即:启发式方法产生的调度的长度处在Best _ Random(1000)调度长度的40%与160%之间。

对于不同的参数边概率:难易程度,OR任务比例,任务长度和网格比,形成270种组合的实验,这些参数在表9-2中列出。进行这270种模拟的图生成算法的参数覆盖面较广。对于一个模拟,在给出了网格比之后,任务的个数就限制在一定的范围之内,我们对任务数小于等于200的所有可能的情况都进行过实验。对每个固定的任务数,至少产生10个随机图,并且用12个启发式算法对这些图进行调度。实验结果表明,INBDM算法是耗费最大的算法,也是性能最差的算法,所以没有像其他算法那样,把这个算法继续扩充为INBDM1,INBDMdfs,INBDMexp等算法。

表9-2 **模拟参数**

边概率	0.2, 0.5, 0.8
难易程度	困难,容易
OR任务比例	0.3, 0.5, 0.7
任务长度	[1,1],[1,20], [1,100]
网格比	1/4, 1/2, 1, 2, 4

对上述参数(3种边概率、2种难易程度、3种OR任务比例、3种任务长度、5种网格比)进行选择,产生的排列有3 * 2 * 3 * 3 * 5 = 270。每个启发式方法都要进行这270次覆盖执行,在每次执行中都将选取不同的任务数作为数据点(一般为6~12个数据点)得到性能比。这将产生270 * 12个性能数据。每个模拟要计算性能比的变化,并用于确定哪些是“有意义”的模拟,即:哪些模拟在不同的启发式方法之间的性能差别最大。那些在不同的启发式方法之间的性能差别不大或几乎没有差别的模拟,则被认为是没有意义的。

由于在一个图上勾画出11个算法是非常困难的,所以,仅画出RDM,RDM1,DCLJ,DCLJ1和INBDM算法的图形。RDM1和

DCLJ 的性能几乎相同。DFS 和 EXP 启发式算法在任务长度为 1 时,工作性能较好,而其他大多数情况下模拟性能较差。

最佳性能

按 270 个模拟的情况,11 个启发式算法可以分成几个组。这几个组是:CLJ1,{RDM1, DCLJ1},{DCLJexp, RDMdfs, CLJ, RDMexp},{RDM, DCLJ},INBDM,Best _ Random(1 000)。所有算法的总的性能在表 9-3 中列出。每个表项的总的性能为从 270 个模拟中取出 1 800 数据点的性能之和,每个试验用 6～12 个数据点综合出来。因为 Best _ Random(1 000)算法是用于比较标准,它的性能比为 1,所以总的性能为 1 800。

表 9-3　**11 个算法的总体性能**

启发式算法名称	总的性能
CLJ1	1 286.45
RDM1	1 387.90
DCLJ1	1 424.41
DCLJdfs	1 486.78
RDMdfs	1 525.77
DCLJexp	1 533.40
CLJ	1 544.56
RDMexp	1 546.66
RDM	1 559.49
DCLJ	1 561.87
INBDM	1 685.08
Best _ Random(1 000)	1 800

将这些算法排列之后,从总的性能的角度来看 CLJ1 性能最好,而且是最快的启发式算法之一。它的性能比最快的启发式算法 RDM1 和 DCLJ 相差 1.2%。一般来说,RDM1 启发式算法性能最好,DCLJ 居第二。这两个算法都比 CLJ 算法要好。这也是

为什么我们要改进标准的集覆盖算法。

这些模拟的结果显示在图 9.5～9.7 中。对每个图的前 50 个任务点, Best _ Random(1 000)算法一般能枚举出所有可能的解,并且找到最优解。Best _ Random(1 000)的最优范围在这些图的左边 50 个任务的范围内。下面将描述部分典型的模拟。

最大变化

第 118♯模拟显示了在所有模拟中最大的算法变化情况,换句话说,在不同的算法之间,产生的差别最大。在这个模拟中,RDM1 和 DCLJ 性能上几乎没有什么区别。从图 9.5 可以看出,

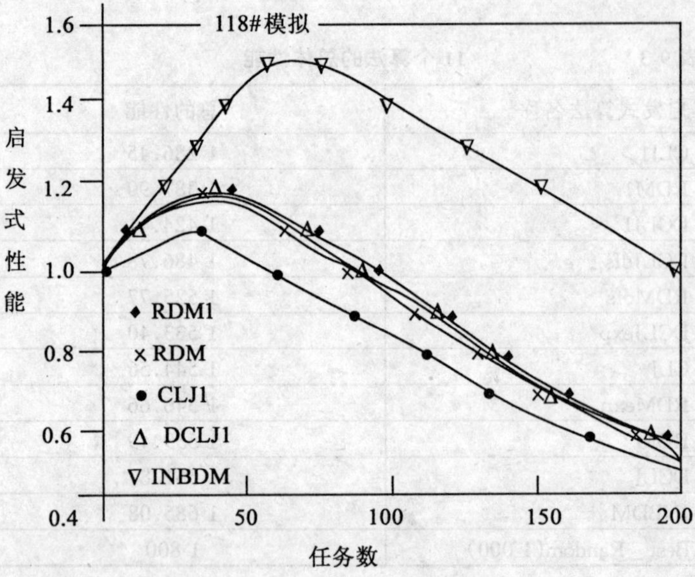

图 9.5　具有最大变化的模拟

在这个模拟中, CLJ1 居第 4。第 85♯模拟仅次于最大变化的模拟。其差别仅在于网格比为 0.2, 而不是 0.5。第 103♯模拟为第

三个变化最大的。它不同于104＃模拟之处仅在于任务长度区间为[1,10],而不是118＃模拟的[1,100]。

最慢收敛

第120＃模拟是所有模拟中最慢的,也就是说,在所有的覆盖试验中,对这一组图参数它要求试验数的最多。这个模拟由图9.6描述出来。

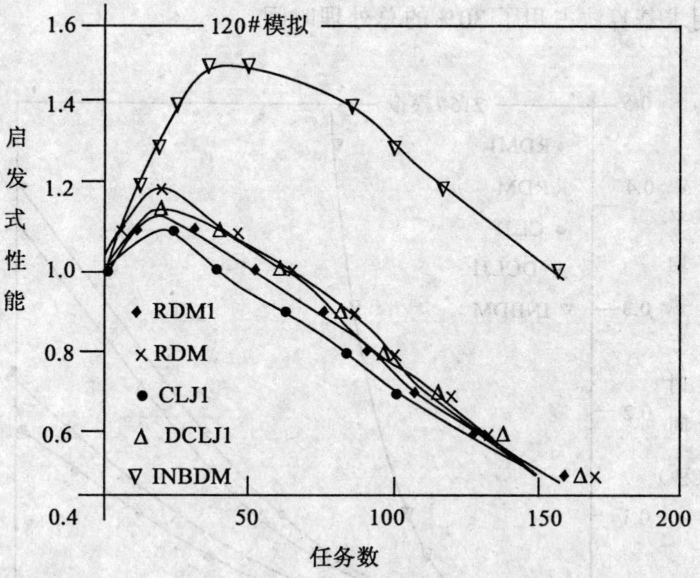

图9.6　最慢收敛的模拟

这个模拟中,这组图参数组合产生了最不稳定的性能,其原因有两个:

第一,80%的潜在任务为OR任务,实际的OR任务数目对每个数据点的变化影响很大,它取决于潜在的OR任务的个数。

第二,网格比为1,则产生的图可能形成一系列复杂的集覆盖问题。实际上不管任务长度如何,这种输入参数的组合会导致启发式算法的性能大大下降。

执行速度

图 9.7 描述了根据输入图的大小所引起执行时间变化的情况。根据算法的执行速度,109# 和 215# 为代表了两类速度有明显变化的模拟,其他的与这两个模拟之间的区别很小。可以看出,CLJ1 启发式算法的速度在这两个模拟中几乎相同,这是由于启发式算法的速度主要取决于输入图中 OR 任务的个数,另外还由于调用求基算法占用了 30% 的总处理时间。

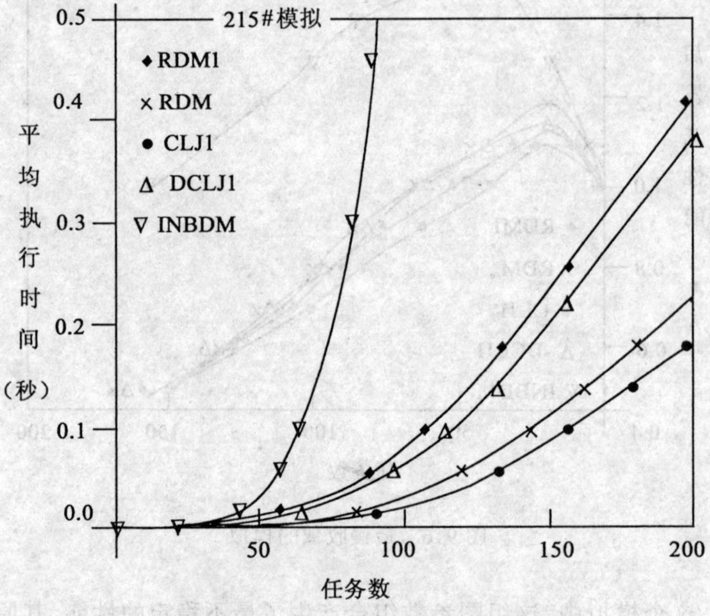

图 9.7(a) 单处理机调度算法的执行时间

另一方面,启发式方法 RDM,RDM1 和 DCLJ1 在 215# 代表的这组模拟中远比 109# 代表的这组模拟慢,这是因为 109# 和 215# 模拟的输入图和输出调度中 AND 任务比其他模拟要多一些。RDM, RDM1 和 DCLJ1 必须每次删除 OR 入弧时计算所有的 AND 任务的成本,大量的 AND 任务将造成大量的时间花在子图成本的计算上。

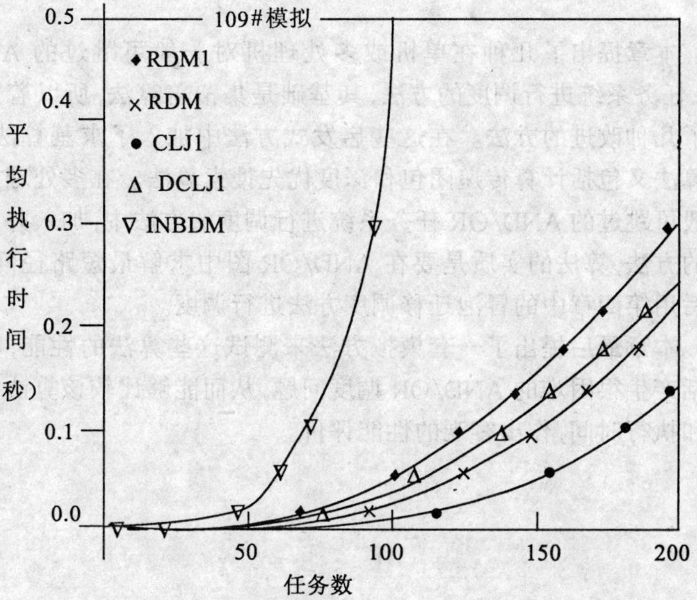

图 9.7(b) 单处理机调度算法的执行时间

多处理机调度

Curtail()算法是用来实现多处理机调度。该算法力图缩短 AND/OR 任务图的最长路径,增加并行性,然后在结果图中再调用单处理机上的可跳过的 AND/OR 调度算法。当 Curtail()算法不能进一步缩短最长路径时,终止执行。Curtail()算法与上述 10 个算法结合在一起执行,其执行性能非常好,但没有其他算法进行比较。从模拟的结果来判断,Curtail()算法与 RDM 和 DCLJ1 结合使用较好。如果执行时间非常关键,则 Curtail()与 CLJ1 结合较为合适。CLJ1 算法大约比 RDMexp 和 DCLJexp 算法快几倍，但产生的结果的质量几乎是相同的。

9.6 小　　结

本章提出了几种在单机或多处理机对一般可跳过的 AND/OR 任务系统进行调度的方法，其基础是集覆盖算法，所以着重研究了几种改进的方法。在这些启发式方法中加入了求基算法，求基算法又包括计算传递闭包和深度优先搜索算法。在多处理机对一般可跳过的 AND/OR 任务系统进行调度的方法中，加入并行求解的方法，算法的实质是要在 AND/OR 图中求解最短路径问题，然后用第四章中的冒泡迁移调度方法进行调度。

本章最后提出了一套模拟方法来测试这些算法的性能，其中包括产生很困难的 AND/OR 调度问题，从而能够比较该算法的质量和执行时间，作出客观的性能评价。

第十章 结论与展望

调度问题是影响分布计算的最关键因素之一，也一直是一个具有挑战性的课题，在这个领域里不乏有大量的计算机科学家在辛勤耕耘。本书也在这个领域里对相关问题，着重研究了一般DAG任务图的启发式调度算法、静态与动态相结合的混合调度算法以及面向AND/OR优先约束关系的调度问题。

10.1 总 结

静态调度最常用的技术是表调度技术，有很大一类科学计算问题可以用静态调度来完成，因此，对静态调度算法进一步发掘也是非常有意义的。本书的研究首先涉及的是静态调度问题，深入地讨论了表调度技术，并在对这些算法进行深入分析研究的基础之上，提出了一些相关技术解决这些算法所使用的优先级比较单一、不能很好处理任务节点的优先级出现“均势”的问题。

近年来，分布式人工智能迅速发展，将分布式人工智能的一些较为成熟的技术应用于分布计算不失为一个很新颖的想法。就Agent技术所具有的特性来说，用它来解决动态调度中的一些问题是很有潜力的。因此，本书在这一方面也作了一些有益的探讨，在充分讨论了各种静态调度技术的基础上，进一步尝试了静态与动态混合调度的方法。其中着重探讨了Agent技术在动态负载平衡中的应用，提出了一种实用的静态与动态混合调度的方法。该方法以一种预分配作为静态调度，预分配充分考虑计算量和通信量在各个节点之间进行均匀分配，然后在运行时利用 Agent 技术进行动态分配，以弥补预分配时不精确和不确定信息所造成的不足。实验表明这种静态与动态调度相结合的方法对于提高调度的效率非常有效。对迭代计算步骤可分解为并行计算任务的这类计算，使用 Agent 技术比不使用 Agent 技术的调度方法在负载平衡效率、通信效率和并行效率方面都有较大幅度的提高。

最后，本书对 AND/OR 优先约束关系的调度问题进行了研究。AND/OR 调度问题是一个非常普遍的问题，它具有广泛的应用背景。例如，作业规划，程序的数据流分析，AI 启发式搜索，资源管理，实时系统设计等。更为抽象的问题是，当一个任务是否能够开始执行，取决于多个前驱任务的完成情况，这种问题称为阈值调度问题，在 K-modular 容错系统有这种情况出现。

研究表明在 AND/OR 调度中，可跳过问题是不可跳过问题的更抽象的形式，即不可跳过问题可由可跳过问题的算法来求解。进而提出了一个减少完成时间的近似算法，该方法通过在 AND/OR 图中寻找一个纯 AND 图来降低任务图的复杂性。该方法的关键是一个距离定理，该定理描述了任务图中处理时间和最长路径与最差调度的执行时间的关系。距离定理使得对如下两种任务图的调度问题，设计减少执行时间的近似算法非常有效。

一、具有一般优先约束的可跳过的 AND/OR 问题。

二、具有 IN-TREE 优先约束的可跳过的 AND/OR 问题。

在 AND/OR 调度问题研究中，还提出了一类启发式算法。这些启发式算法对具有 IN-TREE 结构的不可跳过和可跳过的 AND/OR 优先约束关系任务系统都能够提供性能保障。由于本书对 Chavatal-Lovasz-Johnson 的集覆盖问题的启发式算法进行了扩充，并将性能好的单处理机启发式算法与 Curtail( )算法耦合在一起，为在多处理机系统下的调度提供了性能保障。对这些单处理机下的启发式算法通过模拟来进行评价，得出如下两个结论：

第一，DCLJ1 和 RDM1 启发式算法产生最短调度，然而，算法的执行成本非常高；

第二，CLJ1 启发式算法产生的调度接近最短，而且算法的执行速度接近最快。

试验也表明：CLJ1 为本书研究的最有效的算法。其单处理机执行时间复杂性为 $O(n^2(m+n))$，其中，n 为任务的个数，m 为任务图的边数。

10.2　展　望

用分布式人工智能的技术来从事分布计算是分布计算的新的途径之一。本书利用 Agent 技术对动态负载平衡作了一些尝试，这是在中心调度机制下进行的。如果不是这种以一个处理机为中心调度机制，利用分布 Agent 技术，在调度方面应该可以作更多的工作。例如，在处理机之间利用分布 Agent 的协商机制进行任务分配，这种方法用于动态调度会更为有效。

在 AND/OR 任务系统的调度问题中，常常有一些特殊的可跳过的 AND/OR 问题需要更灵活的处理。其中之一是要处理实时系统中的瞬时负载问题，它可以用 AND/OR 调度模型来进行处理。第七章的求基算法可作为这项工作的起点。

在许多可跳过的 AND/OR 应用中，选择哪些任务从任务图中删除取决于多种因素（或变量）。在瞬时负载调度问题中，某些任务比其他任务更重要，在调度中应该设法处理这些任务而不能跳过关键任务。在生产规划问题中，机器人要在节省时间和减少隐性成本之间进行权衡。关键任务和隐性成本通过对 OR 入弧加权，并设计新的调度算法来使用这些权，这些算法还应能够满足总的限时要求。

进一步的理论研究工作还有几个很有希望的领域。定理 8.7 有可能只是一系列定理中的一个。这些定理应该能够根据多处理机系统的当前状态，预测一个图的最差和最好的调度性能，也可能用这些预测来设计比现在算法更适用的调度算法。这些调度算法应该像一个控制系统，能够以预测到的潜在的最差性能为基础进行决策调度。

参考文献

[1] A.Acharya, G.Edjlali, and J.Saltz.the Utility of Exploiting Idle Workstations for Parallel Computation.in SIGMETRICS Conference on Measurement & Modeling of Computer Systems, 1997.6,225～236

[2] Alan Burns.Concurrency in Ada.Cambridge University Press, 1995

[3] Ali, H., and H.El-Rewini.Task Allocation in Distributed System: A Split Graph Model.Journal of Combinatorial Mathematics and Combinatorial Computing 14 (October 1993): 15～32

[4] Ali, H.and H.El-Rewini. An Optional Algorithm for Scheduling Interval Ordered Tasks with Communication on N Processors.Journal of Computer and System Sciences 51, No. 2 (October 1995)

[5] Adam MacBeth.An Autoconfiguring Server-based Service Discovery System.http://one.cs.washington.edu, 2000

[6] B.Hamidzadeh, Lau Ying Kit and David J.Lija.Dynamic Task Scheduling Using Online Optimization.IEEE Transaction on Parallel and Distributed System, 2000.11,11(11)

[7] B.Hamidzadeh and David J.Lija.Self-Adjust Scheduling: An Online Optimization Technique for Locality Management and Load Balancing.Proc.Int'l Conf.Parallel Processing, 1994

[8] Balas, Egon and A.Ho.Set Covering Algorithms Using Cutting Planes, Heuristics and Subgradient Optimization: A Computational Study.Mathematical Programming, 1980 (12):37～60

[9] Christopher J.Thompson, Vincent Celier.DVM: An Object Oriented Framework for Building Large, Distributed Ada Systems.TRI-Ada95 Conference in Anaheim, Nov.1995

[10] C.A.R.Hoare, A Calculus of Total Correctness for the Communicating Processes, Technical Monograph PRG-23, Oxford Uni.Computing Laboratory Programming Research Group, 1981.

[11] Chakravarti, P.P.and S.Ghose.A General Best First Search Algorithm in AND/OR Graphs.Journal of Algorithms, 1992 (13)

[12] Chang, Po-Rong.Parallel Algorithms and VLSI Architectures for Robotics and Assembly Scheduling.Ph.D.Thesis, Purdue University, West Lafayette, Indiana (December 1988)

[13] Chingchit, S and Kumar, M. Efficient Clustering in Message Passing Systems. International Conference on Optimization Techniques and Applications, 1998, 277～286

[14] Chung, J.Y., Liu, J.W.and K.J.Lin.Scheduling Periodic Jobs That Allow Imprecise Computations to Minimize Total Error.Microprocessing and Microgramming, 1989(27), 767～774

[15] Chung, J.Y., Wei-Kuan Shih, Jane W.-S.and Donald W.Gillies.Scheduling Periods Jobs That Allow Imprecise Results.IEEE Transaction on Computers, 1990.9, 39(9): 1156～1174

[16] Chvatal, V.A Greedy Heuristic for the Set-Covering Problem. Mathematics of Operations Research, 1979.8, 4(3): 233~235
[17] D.G.Feitelson and L.Rudolph.Coscheduling Based on Runtime Identification of Activity Working Sets.International Journal of Parallel Programming, 1995.4, 23(2): 135~160
[18] D.J Lilja.Cache Coherence in Large-Scale Shared Memory Multiprocessors Issues and Comparisons.ACM Computing Surveys, 1993.9,25(3): 303~308
[19] D.W.GILIBS, J.W.-S.LIU.Scheduling Tasks with and/or Precedence Constrains.Rep.No.UIUCAS-R-90-1672, Department of Computer Science, Univ.of Illinois, Urbana, 1993
[20] Farn Wang, Al Mok, E.Allen Emerson.Formal Specification of Asynchronous Distributed Real-time Systems by APTL.Proceeding of Tri'ada 1995, 132~156
[21] Farrell, C.and Kieronska K.Formal Specification of SIMD Execution.IEEE International Conference on Algorithms and Architectures for Parallel Processing, Singapore, 1995
[22] Fisher, Marshall L.and Pradeep Kedia.Optimal Solution of Set Covering/Partitioning Problems Using Dual Heuristics.Management Science, 1990.6, 36(6): 674~688
[23] Gerasoulis, A. and T. Yang. A Comparison of Clustering Heuristics for Scheduling DAGs on Multiprocessors. Journal of Parallel and Distributed Computing 16, No. 4 (December 1992): 276~291
[24] G. C. Sih and E. A. Lee. A Compile-Time Scheduling Heuristic for Interconnection-Constrained Heterogeneous Processor Architectures. IEEE Transactions on Parallel and

Distributed Systems, 1993.2, 4(2): 75～87

[25] George Karypis. Multilevel Algorithms for Multi-constraint Hypergraph Partitioning. www. cs. umn. edu/～karypis

[26] Gillies, Donald W. and Jane W. S. Liu. Greed in Resource Scheduling. Acta Informatica, 1991(28): 755～775

[27] H. Muller, C. Randell. A Event-driven Sensor Architecture for Low Power Wearables. in JCSZE 2000, Workshop on Software Engineering for Wearable and Pervasive Computing, 2000

[28] Hamdi M. , Lee C. K. Dynamic Load-Balancing of Image Processing Application on Clusters of Workstations. Parallel Computing, 22, 1 477～1 492

[29] Harukiko Nishida, Takumi Itoh Ryuji Nakayama, Distribution of Ada Tasks onto a Heterogeneous Environment, Triada 91' Conference, 155～164

[30] H. El-Rewini, T. G. Lewis, and H. Ali. Tasks Scheduling in Parallel and Distributed Systems. Englewood Cliffs, New Jersey: Prentice Hall, 1994

[31] H. El-Rewini, T. G. Lewis. Parallel and Distributed Computing. Manning Publications Co., 1999

[32] J. Weissman, Scheduling Parallel Computations in a Heterogeneous Environment, PhD Thesis, Dept. Computer Science Univ. of Virginia, 1995.8

[33] Janet Davis. REP: A Communication Mechanism for Pervasive Computing. http://one. cs. washington. edu, 2001

[34] Kirk Schloegel, George Karypis and Vipin Kumar. Parallel Multilevel Algorithms for Multi-constraint Graph Partitioning. http:// www. suers. cs. umn. edu/～kirk.

[35] K. K. Jain and V. Rajaraman. Lower and Upper Bounds on

Time for Multi-processor Optimal Schedules. IEEE Transactions on Parallel and Distributed Systems, 1994.8, 5(8):879～886

[36] Lars Bjornfot, Kristina Lundqvist, Goran Wall and Lars Asplund. Distribution of Tasks within a Centrally Scheduled Local Area Network. Proceeding of Tri'ada 1992, pp:243～254

[37] Lau, K. K. , Kumar, M. , and Achuthan, N. Parallel Implementation of Branch and Bound Algorithm for Solving Vehicle Routing Problem on NOWs, 1997 International Symposium on Parallel Architectures, Algorithm and Networks(ISPAN'97), Taipei, Taiwan, 246～253

[38] Lau, K. K. and Kumar, M. , Parallel Implementation of the Unit Commitment Problem on NOWs, International Conference on High Performance Computing (APC) Asia 1997 Seoul, Korea, 128～133

[39] Lawler, E. L. , J. K. Lenstra, A. H. G. Rinnooy Kan and D. B. Shmoys. Sequencing and Scheduling: Algorithms and Complexity, Center for Mathematics and Computer Science, Amsterdam, 1989

[40] Leung, Joseph Y-T. Research in Real-Time Scheduling. Third Annual Office of Naval Research Workshop, 1990.10 (3): 11～17

[41] L. Wos and L. Henschen. Automated Theorem Proving 1965-1970. the Automation of Reasoning Collected Papers from 1957-1970, Vol 11. 11, ed. Jorg Sickmann and Graham Wrightson, Springer-Verlag, New York

[42] M. A. Al-Mouhamed. Lower Bound on the Number of Processors and Time for Scheduling Precedence Graphs with

Communication Costs. IEEE Transactions on Software Engineering, 1990.12, 16(12): 1 390～1 401

[43] Mahanti A. and A. Bagchi. AND/OR Graph Heuristic Search Methods. Journal of the ACM, 1985.1, 32(1): 28～51

[44] Mahanti, Ambuj, Karinthi, Raghu. AI Search for Minimum-Cost Set Cover and Multiple-Goal Plan Optimization Problems: Applications to Process Planning. Report No. UMIACS-TR_90_125, Institute for Advanced Computer Studies, University of Maryland at College Park(1990)

[45] M. Cosmard and M. Loi. Automatic Task Graph Generation Technique. Parallel Processing Letters, 1995.12, 5(4): 526～538

[46] Marcin Paprzycki, Janusz Zalewski. Ada in Distributed System: An overview, ACM, Ada Letters, 1997, 17(2):67～81

[47] McElvany, Michelle C. Guaranteeing Deadlines in MAFT. Proceedings of the IEEE Real-Time Systems Symposium, 1988.12(9): 130～139

[48] Michele Colajanni, Philip S. Yu, Valeria Cardellini, Dynamic Load Balancing in Geographically Distributed Heterogenous Web Servers. the Proceedings IEEE 18th Int. Conf. on Distributed Computing Systems(ICDCS'98), 295～302

[49] Muntz, Alice J. and Ellis Horowitz. A framework for Specification and Design of Software for Advanced Sensor Systems. Proceedings of the IEEE Real-time Systems Symposium, 1989.12(10):204～213

[50] M. Willebeek-Lemair and A. P. Reeves, Strategies for Dy-

namic Load Balancing on Highly Parallel Computers, IEEE Trans. Parallel and Distributed System, 1993.10, 9(4): 979 ～993

[51] N. Raja and R. K. Shyamasundar, Proc. Andrei Ershov. Actors as a Coordinating Model of Computation: Second international Memorial Conference: Perspectives of System Informatics (PSI'96), LNCS 1181, Berlin: Springer-Verlag, 1996, 191～202

[52] Nils. J. Nilsson, Artificial Intelligence: A New Synthesis, Morgan Kaufamann Publishers, Inc., 1998

[53] O. Plata, F. F. Rivera, E. L. Zapata, Dynamic Scheduling on Distributed-Memory Multiprocessors. 5th Workshop on Compiler for Parallel Computers Malaga, Spain, 1995.6.28, 517～533

[54] Oscar Nierstrasz and Theo Dirk Meijler, Research Directions in Software Composition, ACM Computing Surveys, 1995. 6, 27(2): 262～264

[55] P. Tang, P. C. Yew, and C. Zhu, Impact of Self-Scheduling on Performance of Multiprocessor System, Proc. ACM int'l Conf. Supercomputing, 1988. 7, 593～603

[56] Robin Milner. Computing Tomorrow-Future Research Directions in Computer Science. Cambridge University Press 1996, Semantics Ideas in Computing, 246～283

[57] Robin Milner. 交互作用之基础.计算机科学, 1994, 21(3): 1～34

[58] Rajkumar Buyya and Marcin Paprazycki. Clustering Computing. (I), (II) New Jersey: Prentice Hall, 2000

[59] Shoham Y. Agent Oriented Programming. Artificial Intelligence, 1993(60): 51～92

[60] Simons, Barbara. Multiprocessor Scheduling of Unit-Time Jobs with Arbitrary Release Times and Deadlines. SIAM Journal on Computing, 1983.5, 6(2): 294～299

[61] S. E. Mitchell, A. J. Wellings, TAO: A Model for Concurrency in Object-Oriented Programming, Technical Report YCS-94-220, University of New York, 1994

[62] Sefika, Mohlalefi. Path-Balancing Algorithm for In-Tree: Implementation Document. Combinatorial Algorithms. Englewood Cliffs, New Jersey: Prentice-Hall(December 1991)

[63] Shih, W. K., Liu, J. W. -S. and J. -Y. Chung. Algorithms for Scheduling Imprecise Computations with Timing Constraints. SIAM Journal on Computing, 1991, 20(3): 537～552

[64] S. P. Dandamudi and P. S. P Cheng. A Hierarchical Task Queue Organization for Shared-Memory Multiprocessor Systems. IEEE Trans. IEEE Transaction on Parallel and Distributed System, 1995, 6(1): 116

[65] S. S. Fatima, M. Wooldridge. Adaptive Task and Resource Allocation in Multi-Agent Systems. in Agents 2001: Proceedings of the Fifth International Conference on Autonomous Agents Montreal, 2001

[66] T. Yang and A. Gerasoulis. DSC: Scheduling Parallel Tasks on an Unbounded Number of Processors. IEEE Transactions on Parallel and Distributed Systems, 1994.9, 5(9): 951～967

[67] Wang, Qingzhou and Kam Hoi Cheng. A Heuristic of Scheduling Parallel Tasks and its Analysis. SIAM Journal on Computing, 1992, 21(2): 281～294.

[68] William Leinberger, George Karypis, Vipin Kumar. Multi-

Capacity Bin Packing Algorithms with Applications to Job Scheduling under Multiple Constraint. www. cs. umn. edu/～karypis

[69] William Leinberger, George Karypis, Vipin Kumar. Load Balancing across Near-Homogeneous Multi-Resource Servers. 9th Heterogeneous Computing Workshop (HCW 2000). www. cs. umn. edu/～ leinberger

[70] Yu, Albert C. and Kwei-Jay Lin. Scheduling Parallelizable Imprecise Computations on Multiprocessor. Department of Computer Science Technical Report No. UIUCDCS-R-91-1683, University of Illinois at Urbana_Champaign, 1991

[71] Warshall, Stephen. A Theorem on Boolean Matrix. Journal of the ACM, 1962(9): 11～12

[72] 陈华平, 周学海, 陈国良. 分布存储环境下 SPMD 执行模式的任务调度问题. 计算机科学, 1996, 23(6): 34～37

[73] 陈家骏, 赵建华, 郑国梁. C++的一种并发扩充方案. 软件学报, 1998, 9(8): 586～591

[74] 蔡一炜, 何炎祥, 陈莘萌等. 分布式演绎数据库系统中的一种启发式规则分配算法. 计算机学报, 1996.10, 19(10)

[75] 李强, 吴泉源, 王怀民. 基于 Agent 的 CSCW 支持平台. 软件学报 863 高技术项目智能机主题专刊(1996), 386～390

[76] 何炎祥, 杜卓敏等. 基于 Agent 的分布计算环境模型研究. 武汉大学学报(自然科学版), 1999, 45(4)

[77] 何炎祥, 宋文欣, 彭锋. 高级操作系统. 科学出版社, 1999 (国家教育部"九五"重点教材)

[78] 何炎祥等. 信息系统中的移动 Agent 设计. 武汉大学学报(自然科学版). 2000, 46(3)

[79] 何炎祥, 陈莘萌. Agent 和多 Agent 系统的设计与应用. 武

汉大学学术丛书，武汉大学出版社，2001
[80] 何炎祥等. 一种改进的分布式任务分配算法. 计算机研究与发展，1998，35(3)
[81] 黄林鹏，童维勤，倪德明，孙永强 . 并行计算模型 GAMMA 概述. 计算机科学，1994，21(5)：20～24
[82] 林成江，李三立. 一种可适应的分布式动态负载平衡策略及其仿真. 计算机学报，1995. 10，18(10)：721～727
[83] 刘大有，陈建中，钟绍春. 多 Agent 系统中的一对一协商谈判过程. 软件学报，863 高技术项目智能机主题专刊(1996)，159～165
[84] 刘键. 并行分布式程序设计. 华中理工大学出版社，1997
[85] 刘海燕，陈火旺. 并发模型分析. 计算机科学，1995，22(3)：13～16
[86] 陆嘉，温冬婵，王鼎兴. P-Ada：一个基于工作站机群的 Ada95 编译系统. 计算机科学，1999，26(7)：37～40
[87] 陆汝吟. 形式语义学. 科学出版社，1992
[88] 贾国平，郑国梁. 并系统模型研究. 计算机科学，1996，l23(6)：7～13
[89] 莫则尧，李晓梅. 工作站网络环境下的并行计算. 计算机学报，1997. 6，20(6)：510～517
[90] 屈延文. 形式语义学基础与形式说明. 科学出版社，1998
[91] 田新民，王鼎兴，沈美明，郑纬民. 并行任务动态派生的积极惰性化控制方法. 软件学报，1994.2，5(2)
[92] 温钰洪，王鼎兴，郑伟民. 异构机群系统中的最优处理机分配算法. 计算机学报，1996.3，19(3)：161～167
[93] 温钰洪，沈美明，王鼎兴，郑伟民. 一种基于 Message Passing 的并行程序设计环境. 软件学报，1995.11，6(11)：647～654
[94] 王振宇. 程序复杂性度量. 国防工业出版社，1995

[95] 王振宇. Ada 语言程序设计. 武汉大学出版社,1987

[96] 王怀民,陈火旺,高洪奎. 面向智能主体的程序设计. 计算机学报,1994.5, 17(5)

[97] 王怀民,吴泉源,高洪奎等. 基于 Agent 的分布计算环境. 计算机学报, 1996.3, 19(3)

[98] 徐宝文. Ada95 保护的对象与面向数据的同步. 计算机研究与发展,1997,34(1):72～77

[99] 许曰滨. 多机相关任务的均衡调度算法. 计算机学报. 1996.1, 19(1): 77～80

[100] 袁道华. 分布式系统负载分布研究综述. 计算机科学, 1994,21(1)

[101] 周巢尘. 通信的顺序进程及其研究. 计算机学报,6,1,2, 5,1983

[102] 周巢尘. 形式语义学. 湖南科学技术出版社, 1985

[103] 周巢尘 and C. A. R. Hoare. Partial Correctness of Communicating Processes and Protocols. Technical Monograph PRG-20, Computing Laboratory, Oxford Uni., 1981.

[104] 周笑波,汲化,谢立. 一个基于 PVM 的异构型智能分布式任务调度系统. 计算机科学,1996.11, 23(6): 3～33

[105] 朱福喜等. 基于 Agent 的 Ada95 分布计算调度算法. 小型微型计算机, 2000, 21(5)

[106] 朱福喜,汤怡群,傅建明. 人工智能原理. 武汉大学出版社,2002

[107] 朱福喜. 启发式混合调度和面向 AND/OR 约束的调度算法研究. 武汉大学研究生院博士论文,2002

中国当代哲学问题探索
中国辩证法史稿（第一卷）
德国古典哲学逻辑进程（修订版）
毛泽东哲学分支学科研究
哲学研究方法论
改革开放的社会学研究
邓小平哲学研究
社会认识方法论
康德黑格尔哲学研究
人文社会科学哲学
中国共产党解放和发展生产力思想研究
思想政治教育有效性研究
政治文明论

国际经济法概论
国际私法
国际组织法
国际条约法
国际强行法与国际公共政策
比较外资法
比较民法学
犯罪通论
刑罚通论
中国刑事政策学
中国冲突法研究
中国与国际私法统一化进程（修订版）
比较宪法学
人民代表大会制度的理论与实践
国际民商新秩序的理论建构
中国涉外经济法律问题新探
良法论
国际私法（冲突法篇）（修订版）
比较刑法原理
担保物权法比较研究

当代西方经济学说（上、下）
唐代人口问题研究
非农化及城镇化理论与实践
马克思经济学手稿研究
西方利润理论研究
西方经济发展思想史
宏观市场营销研究
经济运行机制与宏观调控体系
三峡工程移民与库区发展研究
２１世纪长江三峡库区的协调与可持续发展
经济全球化条件下的世界金融危机研究
中国跨世纪的改革与发展
中国特色的社会保障道路探索
发展经济学的新发展
跨国公司海外直接投资研究
利益冲突与制度变迁

武汉大学学术丛书 书目

中日战争史
中苏外交关系研究（1931～1945）
汗简注释
国民军史
中国俸禄制度史
斯坦因所获吐鲁番文书研究
敦煌吐鲁番文书初探（二编）
十五十六世纪东西方历史初学集（续编）
清代军费研究
魏晋南北朝隋唐史三论
湖北考古发现与研究
德国资本主义发展史
法国文明史
李鸿章思想体系研究
唐长孺社会文化史论丛
殷墟文化研究

文言小说高峰的回归
文坛是非辩
评康殷文字学
中国戏曲文化概论（修订版）
法国小说论
宋代女性文学
《古尊宿语要》代词助词研究
社会主义文艺学
文言小学审美发展史
海外汉学研究
《文心雕龙》义疏
选择·接受·转化

中国印刷术的起源
现代情报学理论
信息经济学
中国古籍编撰史

随机分析学基础
流形的拓扑学
环论
近代鞅论
鞅与banach空间几何学
现代偏微分方程引论
算子函数论
随机分形引论
随机过程论
平面弹性复变方法（第二版）
光纤孤子理论基础
Banach空间结构理论
电磁波传播原理
计算固体物理学
电磁理论中的并矢格林函数
穆斯堡尔效应与晶格动力学
植物进化生物学
广义遗传学的探索
水稻雄性不育生物学
植物逆境细胞及生理学
输卵管生殖生理与临床
Agent和多Agent系统的设计与应用
因特网信息资源深层开发与利用研究
并行计算机程序设计导论
→• 并行分布计算中的调度算法理论与设计
水文非线性系统理论与方法
拱坝CADC的理论与实践
河流水沙灾害及其防治
地球重力场逼近理论与中国2000似大地水准面的确定